中国蜜蜂资源与利用丛书

蜜蜂高效养殖技术

The Efficient Technology of Beekeeping

房　宇　编著

中原农民出版社
· 郑州 ·

图书在版编目（CIP）数据

蜜蜂高效养殖技术 / 房宇编著 . —郑州：中原农民出版社，2018.9
（中国蜜蜂资源与利用丛书）
ISBN 978-7-5542-1988-1

Ⅰ . ①蜜… Ⅱ . ①房… Ⅲ . ①蜜蜂饲养 Ⅳ . ① S894.1

中国版本图书馆 CIP 数据核字（2018）第 191819 号

蜜蜂高效养殖技术

出 版 人 刘宏伟
总 编 审 汪大凯

策划编辑 朱相师
责任编辑 张晓冰
责任校对 肖攀锋
装帧设计 薛 莲

出版发行 中原出版传媒集团 中原农民出版社
（郑州市经五路66号 邮编：450002）
电 话 0371-65788655
制 作 河南海燕彩色制作有限公司
印 刷 北京汇林印务有限公司
开 本 710mm × 1010mm 1/16
印 张 14.75
字 数 161千字
版 次 2018年12月第1版
印 次 2018年12月第1次印刷

书 号 978-7-5542-1988-1
定 价 68.00元

中国蜜蜂资源与利用丛书

编委会

本书作者

房　宇

前 言

Introduction

本书是由中国农业科学院蜜蜂研究所蜜蜂饲养与蜂业机械研究室的科研骨干在总结本领域众多前辈和同行长期生产实践经验的基础上编写而成的。

本书由现代养蜂业的优势和现状、现代养蜂业饲养模式的选择、养蜂的基础知识、分阶段饲养技术、中华蜜蜂饲养技术、蜜蜂营养及病害防治、蜂产品优质高效生产技术七个专题组成。本书立足国内，放眼世界，力图将基本的蜜蜂高效养殖技术相关信息栩栩如生地呈现在读者面前。本书具有广泛的适用性、可操作性和先进性，适合蜂业科技工作者阅读，也是蜂业爱好者的首选读物。

本书的编写得到国家现代蜂产业技术体系（CARS-44-KXJ14）和中国农业科学院科技创新工程项目（CAAS-ASTIP-2015-IAR）的大力支持。

由于水平有限，书内疏漏、欠妥之处在所难免，恳请专家、读者不吝赐教。

编者

2018 年 3 月

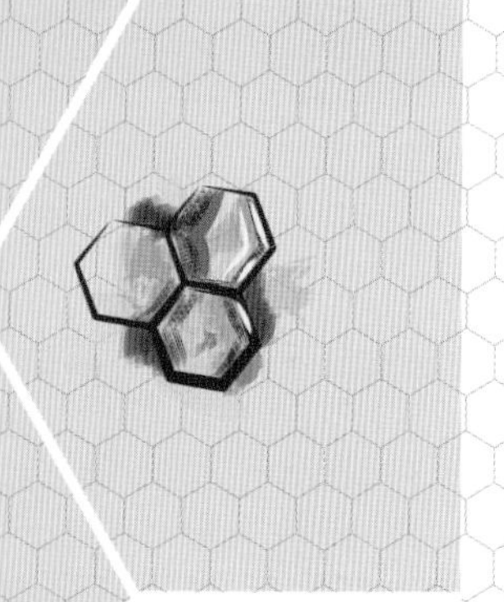

目 录

Contents

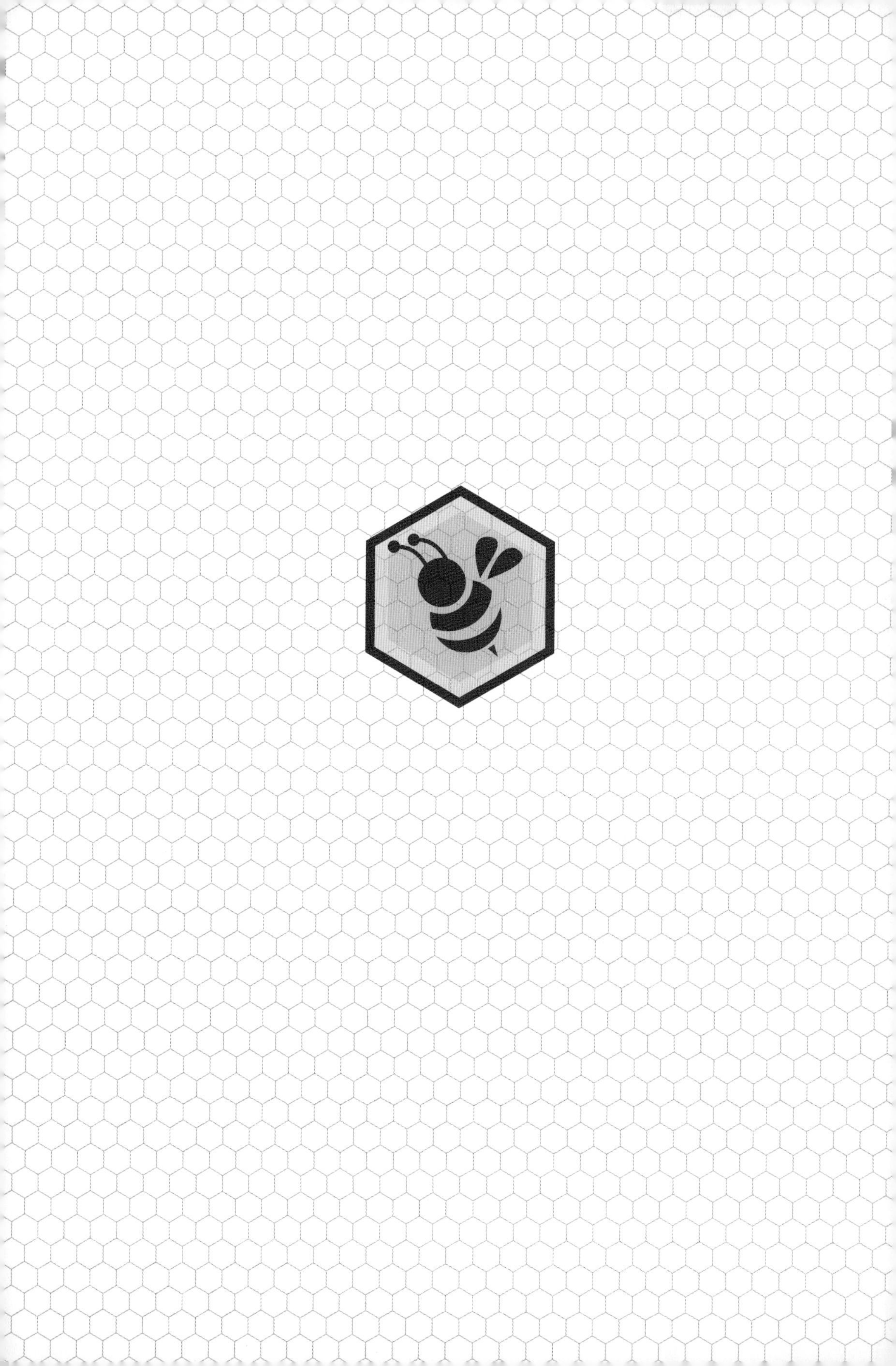

专题一

现代养蜂业的优势和现状

随着中国农业现代化的发展，设施农业规模的扩大，因蜜蜂为农作物授粉具有果实质量好、产量高、无污染等优点，给蜜蜂授粉创造了更为广阔的应用空间。蜂农通过为农作物授粉，可增加收入，这种潜力和效益在中国尚未开发，因此中国蜂业发展前景广阔。

近年来，中国的保健食品产业也迅速发展起来，年销售已达 600 亿元。国民消费水平和健康现状标示着一个巨大的保健品市场。国民环保意识和健康意识的增强，安全、健康的消费观，正成为市场消费的主流，为保健品产业发展开拓了广阔前景。

一、蜜蜂对农作物授粉作用潜力巨大

中国不仅蜂群数量位居世界第一，蜂蜜和蜂王浆产量和出口量也是世界第一。一般来讲，养蜂业的收益主要来自两方面：一方面来自蜂产品的收益，另一方面来自蜜蜂为农作物授粉的收益（图 1–1）。发达国家的养蜂业收益主要是来自为农作物授粉，约占 80%，蜂产品以蜂蜜为主。而中国养蜂业以生产蜂蜜、蜂王浆、花粉、蜂胶等蜂产品为主，正好形成互补，这也是中国蜂业的优势所在，在蜂产品国际贸易中具有非常重要的地位。与此同时，中国的蜜蜂为农作物授粉产业刚刚起步，有待发展。随着中国现代化农业的发展，生态农业观念的加强，蜜蜂授粉将得到广泛利用，市场前景良好，发展潜力巨大。

图 1–1　蜜蜂授粉（李建科　摄）

二、我国的蜜粉源丰富

我国蜜粉源植物丰富，有利于蜜蜂生产蜂产品，种类各异，能满足不同口味的需求。中国的蜜源植物丰富，据统计，已被利用的蜜源植物近万种。中国约有蜜源植物 0. 3 亿公顷；在 0. 7 亿公顷的森林中，有许多能为蜜蜂提供优质蜜、粉的树种；在 3. 3 亿公顷草原上，广为分布品种繁多的牧草蜜源。近年来，由于环境遭到破坏，树木遭到砍伐，使蜜源数量减少，造成蜂蜜减产，某些蜂蜜品种连年绝收，使大众蜜变成稀有蜜。由于环境恶化，造成植物虫害滋生，过度使用农药，各处环境污染严重，使其药物残留也污染到蜜蜂及蜂产品。

中国目前拥有蜜粉源植物有沙生、水生的，有耐旱、耐盐碱、耐寒冷的等，可供各种不同条件下种植蜜源选择。目前还有不少蜜源植物过去未被很好地重视利用，如益母草，亩均产蜜可达 50 千克以上，比主要蜜源刺槐的产量还高。蜜源适应环境的多样性，使蜂农种植蜜源有充分选择的余地。

三、我国拥有丰富的蜂种资源

除了拥有蜜粉源植物外，我国还拥有丰富的蜂种资源。一般认为蜜蜂属内有 4 个种（也有其他划分法），即大蜜蜂、小蜜蜂、东方蜜蜂和西方蜜蜂，而原产我国的就占了 3 种。土生土长的中华蜜蜂（即东方蜜蜂的东亚类型），遍布我国南北。在广东、广西和云南，还有野生的大蜜蜂和小蜜蜂。历史上我国引进了大量的西方蜜蜂，现已成为我国养蜂生产上的主要蜂种，并且，经过长期的驯化及自然选择，已形成了一些适应我国生态环境的地方良种，如分布于我国东北北部的东北黑蜂及分布于我国新疆伊犁等地的新疆黑蜂等，经济性状好，且抗病力强，这些优良品种都是蜜蜂育种的好素材。各养蜂研究机构，针对不同地区的气候和环境特点，长期进行繁育新蜂种的研究，例如培育蜂蜜高产、王浆高产、蜂胶高产等的新品种。所有这一切，为我国养蜂业的可持续发展提供了天然保障。

四、我国热爱养蜂的传统

中国有养蜂的历史，有专业的、有业余的，特别是蜜源丰富的山区和农村的人们在农闲的时候愿意养几箱蜂，既不影响农业生产，又可取得经济收入，因此如果蜂产品市场前景良好，有扩大蜂产品生产的潜力。

五、我国国内市场需求在增长

随着中国经济的发展和对外贸易的扩大，也带动了中国国内市场需求的增长：

第一，随着人均 GDP 水平的提高，越来越多的地区和人口将加入消费结构升级的行列，其中医疗保健消费也会随之增加。

第二，中国正在经历世界上速度最快、规模最大的城镇化过程，与此同时，城乡居民消费结构迅速变动和多元化。城镇化伴随着大规模的人口迁移，包括农民向城市流动、迁移和农业劳动力向非农业转移，是中国经济增长的强大推动力。随着城镇化的进行，人们的生活方式和健康观念也会发生变化，越来越注重保健，越来越推崇天然食品，近 10 年来蜂产品在国内每年以 38% ~ 50%的速度扩充市场。

第三，中国信息产业的大发展，大大加快了信息的传播速度。因此，人们可以通过各种渠道获取蜂产品保健知识，使更多消费者了解蜂产品的保健作用，为扩大国内蜂产品消费，提供了很好的平台。

第四，随着医疗费用的大幅提高，人们开始注意到预防疾病的重要性。因此，人们希望通过调整饮食结构、选用适合的保健食品等方式达到预防疾病的目的，这种趋势有利于促进保健食品的消费增长。以美国为例，大多数美国人对膳食与疾病的关系都非常清楚。60%的美国人通过改变膳食来预防心脏病、高血压、高胆固醇血症和肥胖症，50%的人认为通过合理饮食能预防癌症，44%的人认为均衡饮食能减少他们对药物的依赖性，60%的人坚信摄食与情绪有关，75%的人认为长寿与膳食有关。营养知识丰富的美国消费者，都知道通过选择营养保健食品来促进健康。美国的消费者要求食品中具有营养保健作用的成分包括两大类，第一大类为具有抗氧化作用的维生素、纤维、钙、叶酸、黄酮类等营养补充剂，据估计在美国有 1.08 亿人口服用营养补充剂；第二大类为从植物中提取的有益于健康的功能因子，对人体具有营养和保健的双重作用。近年来，这类食品备受美国消费者重视。

六、养蜂经济效益明显

蜂产品不仅种类多，如蜂蜜、蜂王浆、蜂蜡、蜂花粉、蜂胶、蜂毒、蜂蛹等，而且各种产品之间还有很强的互补性，被广泛应用于食品、医疗保健、国防、电信、机械、化妆品、农牧业生产等方面。随着现代科技的不断发展，许多蜂产品潜在的用途和价值还会被逐渐发掘出来。随着现代农业的发展，蜜蜂为农作物授粉取得的收益潜力将是巨大的，目前尚未得到有效开发。按照现在北京昌平区大部分蜂农的收入状况估计，每投入 1 元就能产出 5 元以上，经济效益显著。

七、我国蜂产品的国际竞争优势

（一）价格优势

中国蜂产品贸易价是世界最低的。以蜂蜜为例，虽然中国蜂蜜出口量最大，但利润并不高。在中国、阿根廷、墨西哥、加拿大，蜂蜜平均单价最高的是加拿大，是中国的 2. 5 倍以上，是阿根廷的 1. 5 倍以上，是墨西哥的 1 倍以上，其次是墨西哥、阿根廷，中国最低。如何通过改进质量和贸易环境，提高中国蜂蜜的价格，值得中国蜂业界人士思考。

但是，我们所说的价格优势，应是价格合理但相对单价低，既保证我国蜂业的健康发展，又拥有竞争优势，而不是一味地低价。

（二）品种优势

不仅是蜜粉源种类丰富，而且蜂产品品种丰富，例如蜂王浆，只有部分国家生产，而且产量差距较大。而中国恰好是蜂王浆生产大国，可满足消费国的需求。

（三）生产规模优势

中国拥有悠久的养蜂历史，生产分布广，发展潜力大。目前，中国蜂群数量最多。中国蜂农养蜂是副业，平均每户养几箱至几十箱。而在发达国家，平均每户拥有几百箱。如果提高养蜂技术，提高机械化程度，提高劳动生产率，就能逐步提高我国户均养蜂数，缩小与国际的差距，这也是我国蜂业发展潜力所在。如果收益好，我国有扩大生产规模的潜力。

八、充分利用外需的有利条件

随着中国对外开放的逐步扩大，中国也拥有良好的国际贸易条件：

第一，经济全球化为中国提供了更大的发展空间，同时促进了全球产业大调整，这是中国经济发展的大好机会。

第二，中国已经成为世界贸易大国，是全球增长最快、最大的“新兴市场”。

第三，中国贸易依存度大幅度提高。中国总体贸易依存度由 1978 年的 9.8%上升到 2014 年的 41.5%，提高了 30%，开放程度已居世界大国之首。中国融入世界经济以及世界经济对中国的需求、影响将成为未来中国发展最重要的因素。

第四，欧洲、美国、日本三大市场既是世界最大的市场，也是竞争最激烈的市场，中国在三大市场的份额不断提高，反映了中国贸易竞争力不断提高。

第五，中国在世界经济中的地位日趋显著，其作用越来越大。中国对世界的广泛的影响力不仅源于其经济规模和快速增长，而且源于它对全球经济的开放。中国与世界经济增长构成相互影响，中国经济高增长会明显地带动世界经济增长。

在目前良好的国际贸易环境下，中国蜂产品具有广阔的市场，而且具有优势。通过对蜂业现状的分析，我们应看到国际市场对蜂产品的需求及国内需求的良好发展前景。

近年来，随着我国国民经济日益发展和国家实力逐步增强，国家对养蜂业日益重视，2005 年 12 月 29 日颁布实施的《中华人民共和国畜牧法》中明确将蜂业列入其中。养蜂业作为畜牧业中的一个分支学科得到了发展，我国蜂学科学研究工作也得到了长足的发展。近年来，科技基础条件平台建设计划、国家社会公益研究专项和国家自然科学基金项目、农业结构调整重大技术专项、国家“948”项目等先后将蜂业研究纳入资助范围，尤其是在 2007 年，国家财政部、农业部共同立项支持的“公益性行业（农业）科研专项——不同蜜蜂生产区抗逆增产技术体系研究与示范”总投资 1 598 万元，给予蜂业科研极大的支持；2008 年底，蜂产业有幸成为农业部启动的第二批国家现代农业产业技术体系建设项目之一，体系内设有 20 个科学家岗位，11 个综合试验站，每年资助经费为 1 760 万元，为我国蜂产业的可持续发展奠定了坚实的基础。随着研究经费的逐年增加，我国科技人员先后开展了蜂业的育种、病虫害保护、授粉、蜂产品、蜂产品质量安全等方面的研究工作。同时，加强了科研成果推广与转化工作，通过农业科技成果转化项目、国家标准和行业标准等推动成果转化工作。

专题二

现代养蜂业饲养模式的选择

对于刚进入养蜂业的人来说，第一个面对的问题不是建设，不是管理，而是如何选择适合的养蜂模式。各种模式都有其优势，也有其不足，关键是如何把握好选择，因此，本节将几种养蜂模式做一个简要介绍。

一、蜜蜂养殖模式分析

蜜蜂养殖模式，可以根据以下情况确定。

第一，蜂场所在地蜜源资源情况。在蜜源丰富的地区规模可适当大些。

第二，养蜂者的条件，即人员数量、人员素质、资金等。

第三，养蜂场的产品结构。如果蜂场选择的是混合生产方向，规模就要比单一生产方向的适当小一些。

第四，养蜂者的思维范围。养蜂者的蜂群管理能力受限于思维范围，蜂场的蜂群，不能超出养蜂者的思维范围，民间有“人不离蜂，蜂不离花”之说，就是这个道理。

第五，采取的饲养方式。定地饲养的蜂场，规模一般大于转地饲养。

第六，养蜂场的机械化程度。主要取决于取蜜、取浆、取粉的方式及交通工具是否方便等因素。采用机械化程度较高的劳动手段，可大大提高养蜂的劳动生产率。

第七，蜂产品产销渠道是否畅通。

目前，我国的养蜂业大多为自营专业户或承包专业户，少数为全民所有制或集体所有制。大多数专业户的生产方向分为三类：一是以产蜜为主，二是以生产王浆为主，三是蜜浆兼营。究竟以何种方式为佳，要根据人力、资金、技术及当地蜜源决定。如果当地蜜源稳定，又没有充足人力，可只生产蜂蜜；如果人力充足，技术成熟，同时当地又没有稳产的蜜源，可以只生产王浆；如果当地蜜源好，人力充足，管理技术好，那么既可生产蜂蜜，又可生产王浆。一般情况下，蜜浆兼收的场要比生产单一产品经济效益好得多。

饲养以王浆高产为主的蜂种，种质是决定产量的基础。定地小转地养蜂不同于大转地养蜂追花夺蜜，一般一年最多 1 ～ 2 个主要蜜源，主要收益来自王浆生产。要想取得王浆高产，必须饲养以王浆高产为主的蜂种。应用高产配套新技术，充分发挥高产性能夺高产。有了高产的蜂种，必须应用与之相配套的高产蜂种的饲养、管理技术，包括早春足够的群势快速繁殖，保证四季箱内蜜、粉充足，四季饲养强群，延长产浆期，适时治螨、防病治病，应用王浆高产专用台基条等综合高产配套技术措施。充分利用大宗蜜粉资源，降低成本，增加产量。如果定地小转地蜂场近距离范围内有可利用的果林或经济作物基地，则可花费少量运费，迁往采集，以减少饲料成本，增加蜂蜜、王浆、花粉的产量，如南方大宗的油菜、紫云英、柑橘、西瓜、棉花、芝麻、板栗、茶园等。利用定地小转地优势，制订适当的产品组合方案，增加效益。对于定地小转地养蜂来说，除了生产传统的蜂蜜、王浆、花粉产品外，还可生产成年蜜蜂。秋季可利用强群和蜜粉源，适时育王分群，培育蜜蜂出售给大转地归来的蜂场。一般 20 ～ 30 群的继箱群蜂可培育 40 ～ 50 足框的蜜蜂，可望增加 2 000 元左右的收益。

二、蜜蜂的饲养品种、方式和规模

选择蜂种一定要“因地制宜”。除考虑蜂种的蜜浆高产性能外，还要考虑蜂种的维持大群性能、抗逆性能（越冬、越夏、抗病虫害性能）等。例如，气候严寒、越冬时间长的地区，宜饲养越冬性能好、耐寒的蜜蜂品种，像喀蜂、东北黑蜂或以它们为母本的杂交蜂。而长江以南地区，冬季较短，夏季炎热，宜饲养耐热、越夏性能良好的蜂种，如意大利蜂（以下简称意蜂）或以意蜂为母本的杂交蜂。广大山区，因蜜蜂敌害较多，零散蜜源多，宜定地饲养土生土长的中蜂。中华蜜蜂（以下简称中蜂）有许多意蜂、喀蜂等蜂种无法替代的优点，虽然它的产蜜量不如西方蜜蜂高，但仍不失为我国广大山区和农村定地饲养的蜂种之一。

养蜂有专业养蜂和副业养蜂两种。不论专业养蜂还是副业养蜂，可分为大转地养蜂、小转地养蜂和定地养蜂几种，采取何种方式饲养，要根据自己的经济条件、技术条件及自然资源条件而定。应该在全面调查、了解各地蜜源及气候状况的基础上结合自己蜂群的情况，分析判断各种饲养方式的利弊，选择出最佳的饲养方式，并制订与其相适应的经营方案和措施，争取达到最佳的生产经营效果。

目前，我国的养蜂生产基本上仍以手工作业为主，劳动强度大，生产率低，还做不到一人多养。专业定地养蜂，在技术相当熟练的情况下，一人一般养 30 ~ 50 群。专业定地养蜂，由于受蜜源条件的限制，也不可能多养，如果同时生产蜂蜜、蜂王浆，一个人也只能养 50 群左右，在生产季节还要雇一个帮工。如不生产王浆，只生产蜂蜜，可养 70 群左右，生产季节（摇蜜时），需请 1 ～ 2 个帮工。每一个蜂场养蜂数量的多少，除了与人的技术水平有关外，主要取决于蜜源面积，当然转地蜂场还必须考虑运输工具装载量和运输费用等问题。

三、不同类型养蜂从业者的定位

首先要根据自己的实际情况，合理选择蜂种。养蜂的目的就是为了获得大量的蜂产品，取得较高的经济效益。蜂蜜高产型：国蜂 213、白山 5 号、松丹 1 号、松丹 2 号、北京 1 号等。蜂王浆高产型：国蜂 414、浙农大 1 号。蜜浆双高产型：黄山 1 号、东方 1 号。还有高加索蜂采树胶能力强于其他任何品种的蜜蜂，意大利蜂产蜜、产浆、采粉能力强。卡尼鄂拉蜂采蜜能力高于意大利蜂。

发展利用中蜂。中蜂是我国土生土长的蜂种。在北京地区有悠久的饲养历史。在 20 世纪 50 ～ 60 年代就有中蜂万余群，主要分布在山区。现在房山蒲洼建立中蜂保护区，延庆、密云等区县对中蜂加强管理。在保护现有的情况下，应有计划地发展，充分利用山区零星蜜源资源，使中蜂得到保护发展，为山区开辟一条致富路。

四、经验与教训

（一）养蜂业投资少、收益快——成功经验

首先，养蜂的“门槛”低，一次投资可多年受益。目前，1 群蜜蜂的市价约为 250 元，即使饲养 50 群蜂，先期投入也不过 1.25 万元左右。由

于采花酿蜜是蜜蜂的生活习性，蜂群采购安置后可立即投入生产，通常1～2年便可收回成本。另外，蜂群数量不会随时间的推移而减少，如果精心饲养，反而能使蜂群壮大。其次，养蜂所受限制少，普通农户均有能力养殖。养蜂不占耕地，不需要特定的厂房，不受地形约束，农舍外、田地边、道路旁都可用于生产。蜜蜂以花粉、蜂蜜为食，一年中大部分时间都不需专门喂养，即使在冬季蜜源植物不足的情况下也只需饲喂少量蜂蜜，十分经济。此外，养蜂所需耗费的劳动量不大，有1～2个劳动力即可；养蜂有悠久的历史，普通养蜂户不需要有很高的文化水平，通过简单培训即可从业；养蜂所使用的工具也十分简单，购置费用低廉，有兴趣的还可以自制。

养蜂要懂得蜜蜂的生物学特征及生活规律。要使自己成为养蜂高手的最佳捷径是先读与养蜂有关的书籍，书是前人经验的结晶。然后再买两箱蜜蜂，对照书本饲养一年，取得经验。第二年再投资10箱，压缩成6～7箱，遇到槐蜜丰收年景，当年即可回本。然后再购买良种。

要想养好蜂，最重要的一条是选好放蜂场地。蜂场要选在背风向阳的山南麓，要选蜂蜜粉源不间断的地方。蜜粉源不好的地方，需要经常奖励饲喂，成本就会提高。蜂场要选在远离铁路、公路的地方，免得撞死蜜蜂或扰乱蜂群秩序。场地要选在5千米以内无养蜂户的地方，即使有，也只能有几群，如果有大蜂场，就不要在此地建蜂场。

养蜂是一项不争田、不占地、投资少、见效快的空中农业，是有百利而无一害、无污染的集约型农业，养蜂业是现代生态农业中的重要组成部分，养蜂是农业增产的又一重要途径，是促进农民脱贫致富的一条捷径。

（二）不重视产品质量，收益减少——教训总结

2002年1月，欧盟提出，蜂蜜中氯霉素检出量不得超过0.1微克/千克，即10万吨蜂蜜中氯霉素含量不能超过1克。随后，英国食品标准局在市场抽样检测中查出我国蜂蜜含欧盟禁用药物——氯霉素残留。2002年2月20日，英国食品标准局发布公告，建议英国商店停售所有产自中国的蜂蜜。与此同时，英国蜂蜜进口协会也建议所有的会员停止销售任何含有中国蜂蜜的混合蜂蜜，寻找其他蜂蜜进口渠道，直到中国的兽用药达到标准。2月底，欧盟通知其各成员国，对所有工厂、仓库及以包装上市的中国蜂蜜进行强行检查。

欧盟的这一禁令，引起其他国家纷纷仿效，导致我国蜂产品出口严重受阻。2002年2月初，沙特宣布禁止进口中国蜂蜜；2月初，日本也开始对进口的中国蜂蜜进行10%的抽样，检验氯霉素等抗生素残留；2月20日，加拿大开始对中国蜂蜜加强抗生素检验，并要求对进口蜂蜜中苯酚和19种磺胺等残留进行检测；5月，美国FDA宣布中国蜂蜜氯霉素残留检测限为0.3微克/千克；墨西哥农业部6月2日下令把扣留的356吨受污染的中国蜂蜜销毁或退回中国，主要是在抽样检查中，发现这些蜂蜜中含有链霉素等一些有毒物质的残留物和一些对人体健康和国家养蜂业造成危险的污染物。

如此的蜂产品技术性标准，形成了新的贸易壁垒，极大地影响了我国的蜂产品出口。2002年我国对欧盟蜂蜜出口额减少83%，损失2 960万美元，对美国出口约7 614吨，比2001年下降52.35%，出口额约809万美元，下降43.56%。浙江省是我国最大的蜂产品出口省份，全省年蜂产品出口

贸易额为2 000万美元左右。因此停止对欧盟的出口对浙江蜂农收入的直接影响很大。2002年1 ~ 11月，浙江省蜂产品出口欧盟同比减少271万美元，下降63.61%。这样的损失为我们敲响了警钟，只有自身质量过硬，才能经得起考验。

提高蜂产品质量要从源头抓起：

第一，加强宣传，提高养蜂人员产品质量意识。

第二，饲养强群，以防为主：①选用抗病良种，培育强群和强壮的越冬蜂，增强蜜蜂自身抵抗力。②不宜过早春繁，选用优质、新鲜的天然花粉作蜜蜂春繁饲料。③提倡使用塑料巢础，1年左右更换1次巢脾。④加强消毒。采用高锰酸钾、升华硫、过氧化氢、新洁尔灭、生石灰等以熏蒸、喷洒的方法定期消毒蜂具、巢脾、仓库、环境等，杀灭病菌、虫害。⑤隔离病源。有病蜂群，彻底换箱换脾，迁往蜂群活动区以外隔离治疗，重病群或重病脾应考虑烧毁，并消毒与病群接触过的蜂具、巢脾及环境。

第三，合理用药。提倡采用中草药防治蜂病，禁止使用氯霉素、链霉素、磺胺类、四环素、双甲脒、杀虫脒、甲硝唑药物防治蜂病。规定可使用的药物应采用合理的喂药方式，尽可能避免喷洒、灌脾饲喂蜂药，应将药物磨成粉混于糖浆，调入花粉中饲喂。

第四，繁殖季节不用药。繁殖季节用过药的蜂群，第一次和第二次摇取的蜂蜜另外存放，做饲料蜜。

第五，防变质。提倡生产40波美度以上的蜂蜜，防止蜂蜜发酵变质。

第六，采用食品用塑料蜜桶和不锈钢摇蜜机，杜绝金属污染。产销挂钩，减少中间流通环节，建议政府有关部门扶持建立优质蜂产品生产基地，生产相对密度 40% 以上的优质蜂蜜；产销挂钩，采用“加工龙头企业 + 蜂业协会 + 重点县（养蜂合作社、联合体、大户）”等相对稳定的组织形式；减少流通环节，确保产品质量。

提高蜂产品质量也要抓加工、流通环节：收购蜂蜜应优质优价，促进蜂农生产优质蜜；采用合格的储蜜桶储存运输，按等级、蜜种分别将蜂蜜储放于阴凉通风处；低于 40 波美度的蜂蜜应及时加工，加工过程中尽可能减少蜂蜜的污染和营养成分的破坏。

不仅如此，还要净化蜂产品市场，对市场流通的蜂产品进行抽查，对劣质蜂产品、造假使杂者进行曝光、处罚，构成犯罪的依法追究刑事责任。

做好蜂产品科普宣传工作，扩大内销，发放蜂产品科普资料，利用广播、电视、报刊等各种媒体宣传蜂产品保健知识，让更多的人了解蜂产品的保健作用，享受蜂产品的好处。

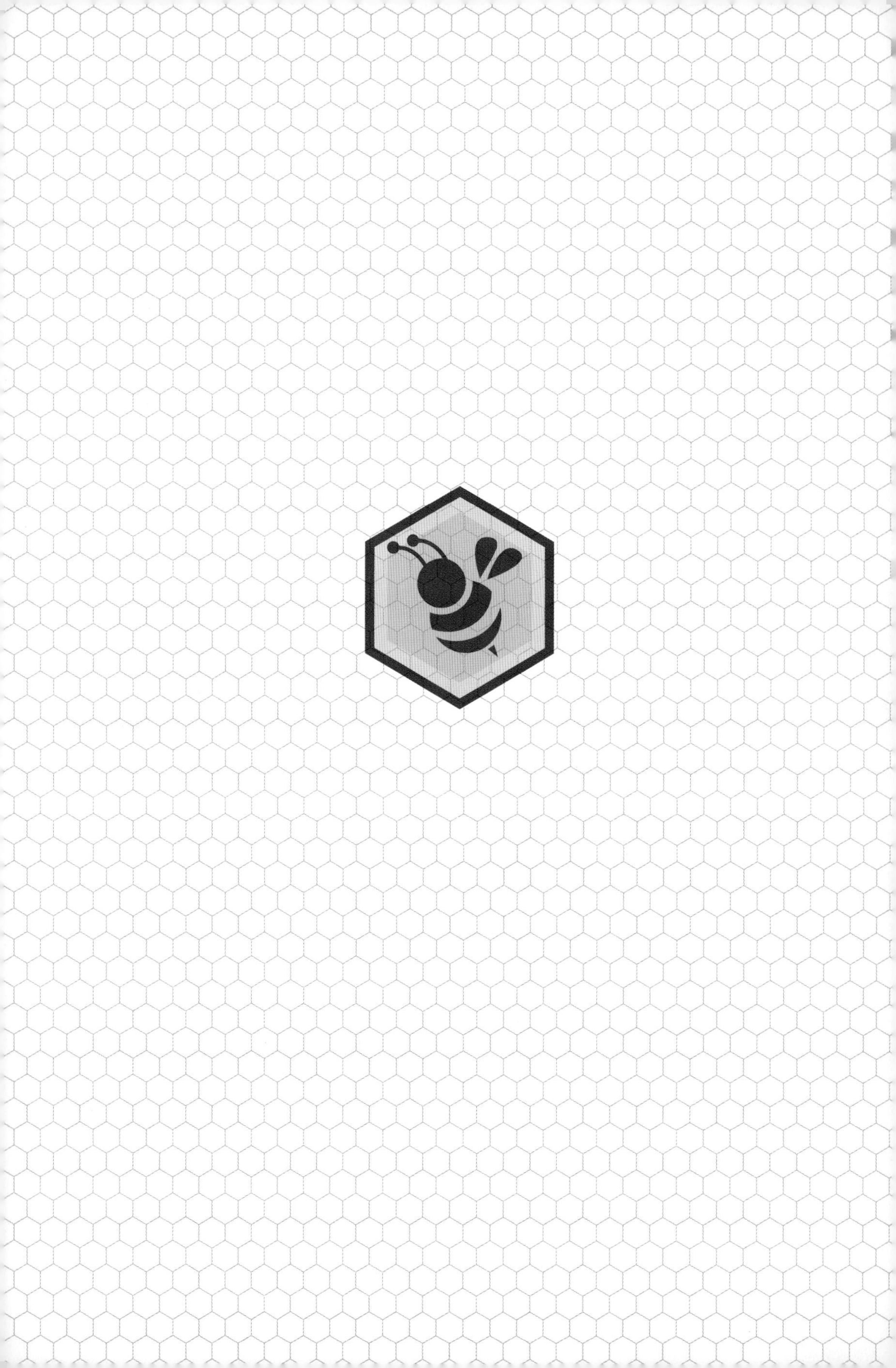

专题三

养蜂的基础知识

饲养蜜蜂的基础是对蜜蜂生活习性的了解，只有全面提高对蜜蜂的认识，才能把蜂群管理得“强壮”，从而让蜜蜂为人类工作。本专题从养蜂业对环境的要求、蜂场建设、蜜蜂品种的选择、蜜蜂的习性、关键基础技术、阶段性饲养技术等方面进行阐述，逐步深入，使读者逐渐建立对蜜蜂的整体认识，掌握蜜蜂的生活规律，全面了解养蜂相关技术，旨在饲养健康蜜蜂，实现蜂产品优质高产，最终实现农业增效和农民增收的目的。

一、现代养蜂业对环境的总体要求

（一）优良的环境，优质的蜂产品

蜜蜂加工蜂蜜、蜂胶、蜂花粉的原料都来自各种植物，这些植物如果被施用了农药和化肥，蜜蜂将其采集回来作为加工产品的原料，这些产品里就有可能会有农药化肥的残留物。再者，如果这些植物生长在污染比较严重的地方（例如公路边、离工厂比较近的地方等），这些产品里的重金属含量就会相对偏高，也就是说环境的好坏对蜜蜂加工的产品影响很大。

一般蜂产品生产企业对蜂蜜、蜂胶、蜂王浆和蜂花粉不会有深度的加工，主要是用物理原理来除去蜂蜡和重金属等杂质。这样是为了不破坏蜂产品的天然结构，保持蜂产品的天然保健作用。我们日常所吃的蜂产品，基本和蜜蜂所加工的产品差别不是很大。也就是说，环境直接影响到了蜂产品品质的优劣。

（二）不良环境对养蜂生产的危害

1. 客观环境的影响

蜂产品最原始的来源是植物的花源和蜜蜂自身，所以花源的质量直接影响着蜂产品的质量。在生产中，人们为了医治植物病虫害，向植物喷洒农药，通过蜜蜂，将残留农药转移到蜂产品中。另外，养蜂者为了防治蜂群的病虫害，也会经常使用一些抗生素类药物，这些药物便会在蜂产品中残留。由于养蜂者绝大多数野外流动作业，风沙、雨水、灰尘、暴晒等恶劣的自然环境也给蜂产品质量造成了很大的损害。

2. 不规范器皿的影响

许多蜂产品生产者至今在生产运输和储存环节中仍然使用被污染过和按规定早应报废的旧铁桶或旧铁器，这是造成蜂产品重金属超标的主要原因，同时也影响了蜂产品的色泽、味道和等级，从而限制了我国蜂产品的大批出口。

3. 温度和湿度的影响

适当的温度和湿度是蜂产品保质的重要条件之一，在生产、收购、运输、加工、储存或销售等各个环节都应严格注意，特别是温度的影响更大。如蜂王浆中的活性物质只能在冷冻的低温条件下保存。但蜂农在野外特殊的生产和生活环境中，在长距离长时间的运输中忽视温度影响的做法，都会造成蜂王浆质量的重大变化。而湿度过大、温度过高或过低都会给其他蜂产品质量造成一定的影响。

（三）营造环境效益，促进养蜂业持续发展

1. 蜜蜂在生态平衡中具有重要的地位和作用

生态环境对蜜蜂的繁殖发展具有极大影响，生态平衡的核心是植物，只有植物才能保持水土，调节气候，净化空气，保持农业生产的稳定环境，协调人与动物和自然界的关系。然而，对于地球上生长的植物，除了禁止乱砍滥伐人为毁灭外，在保全其后代繁衍生息方面，昆虫授粉起着非常重

要的作用。植物为植食性昆虫提供营养和能量，植食性昆虫只能依存于其取食的植物。植物群落成为昆虫群落存在的一个重要条件。如显花植物与传粉昆虫协同进化，显花植物具有色、香、味，有些还有花蜜；传粉昆虫以花的色、香、味作为食物的信号趋近取食或采集花蜜和花粉，在取食或采集花蜜、花粉过程中，也完成其传粉过程，让植物不断繁育发展。传粉昆虫与植物之间的这种进化关系，增添了生态系统的风采，使大自然五彩缤纷。

在众多的传粉昆虫中，蜜蜂以其形态结构的特殊性，分布广泛，可训练等特点，成为人类与植物群落相联系，且唯一可以控制的、最理想的昆虫，在人类保护生态平衡中显示愈来愈重要的作用。蜜蜂对生态环境的变化极为敏感，除植物的种类、花朵的颜色、香味对蜜蜂有影响外，生态环境的空气、温度、风力、降水、光照等对蜜蜂也有影响。

蜜蜂是生态环境优良与恶化的晴雨表。近几年，北方地区出现沙尘暴的侵袭，这对人类来说是一种灾害，对蜜蜂来说也同样是灾难。沙尘暴致使蜜源植物停止泌蜜，养蜂收成无望，蜂群群势急剧下降，这是生态环境恶化对人类和蜜蜂生存环境危机敲响的警钟。

2. 养蜂业是生态环境发展建设的重要组成部分

任何一种农业生物的生命过程都归属于一定的生态系统。农业是一个庞大而复杂的生态系统，需要保持平衡，才能获得最佳经济效益。因为蜜蜂在生态系统中具有重要地位及作用，发展养蜂业就是发展生态农业必不可少的内容。众所周知，发展养蜂业一方面让蜜蜂在为植物（农作物）授粉的过程中，采收大量绿色天然食品，如蜂蜜、花粉、蜂王浆等；而另一方面是养蜂业更重要的方面，这就是人类从大自然中获取更多更鲜美的肉类、水果、蔬菜等，与发展养蜂业有十分密切的关系。比如人类所需要的动物食品量很大，而动物食用的豆科牧草与授粉昆虫有密切关系；油料作物，油菜、向日葵、花生、黄豆等都可通过蜜蜂授粉增产增收；果树、蔬菜等同样离不开蜜蜂授粉来提高产量和质量；包括各种植物的世代繁衍，开花结果，都离不开蜂飞蝶舞。蜜蜂可满足人们生活水平提高后，向往美丽的大自然、清新的空气、无污染食物的需要。

在规模化农业生产的发展过程中，如蔬菜制种和塑料大棚内栽培蔬菜、水果，以前人们采用人工授粉提高其坐果率或结实率的方法力图达到增产的目的，但这种方法费工费时，支出很大，且授粉不均匀，效果不佳；或采用化学方法提高其坐果率，造成其产品污染，品质差。后来人们利用蜜蜂授粉，不仅降低了蔬菜制种和果蔬生产的成本，而且提高了产量和质量，达到了增产增收的目的。科学实践证明，在农业生产中，无论是增加肥料，还是改善耕作条件，都不能代替蜜蜂授粉的作用。蜜蜂授粉对提高植物（农作物）的产量和质量，是一项不扩大耕地面积、不增加生产投资的有效措施，是当前解决人口增长过快而造成食物相对不足的矛盾的一项重要途径，也是提高人们生活质量的最佳方法，因为，蜜蜂授粉有效地协调了农作物的生殖生长和营养生长，在提高作物产量和质量上，特别是在绿色食品和有机食品的开发生产中具有不可替代的作用。

我国是养蜂大国，蜂产品的产量及出口量均居世界第一。更可喜的是近几年在我国一些经济较发达地区，人们的生态环境意识也逐渐加强，蜜蜂授粉技术也已在蔬菜生产与制种，油料作物和水果生产，保护地栽培作物等方面大力推广与普及。但是也必须认识到，无论在发展养蜂业，还是在生态环境建设方面，与先进发达国家相比，我国还存在很大差距。因为还有不少地区，并没有把生态环境建设与养蜂业相联系起来，还没认识到杀虫剂、除草剂的广泛使用，会造成蜜蜂大量被毒杀；机械化耕作，土地大面积平整，原始森林被破坏，导致原有生态环境被改变，蜜源植物的数量、种类锐减；农业产业结构的调整，大规模地种植单一作物，花期短暂，致使授粉昆虫包括蜜蜂得不到持续的食料供给，蜜蜂的生存空间越来越小。在许多地方，蜜蜂被农药毒杀的现象并不少见。

因此，在大力倡导生态食品、生态环境的今天，应把保护蜜蜂、保护蜜源、发展养蜂业视为同等重要的项目，要像爱护鸟类那样加以宣传，要像保护珍稀动物那样加强执法力度。总之，应研究养蜂业与生态环境协调发展的规律，建设适合蜜蜂生存的生态环境，以养蜂业促进生态环境的发展。

二、养蜂场建设

（一）现代化定地养蜂场场址选择

理想的以生产蜜蜂产品为主的养蜂场址（图 3–1），应具备蜜粉源丰富、交通方便、小气候适宜、水源良好、场地面积开阔、蜂群密度适当和人蜂安全等基本条件。

图 3-1　养蜂场

1. 蜜粉源丰富

丰富的蜜粉源是养蜂生产最基本的条件。选择养蜂场址时，首先应考虑在蜜蜂的飞行范围内是否有充足的蜜粉源。在固定蜂场的 2.5 ~ 3.0 千米范围内，全年要有 1 种以上高产且稳产的主要蜜源，以保证蜂场的稳定收入；在蜂群的活动季节还需要有多种花期交错连续不断的辅助蜜粉源，以保证蜂群的生存和发展，进行多种蜜蜂产品的生产。在考察蜜源时，应根据一定范围内的面积、蜜源密度测算蜜源的实际面积，再由蜂群对不同蜜源需要的数量，估计可容纳蜂群的数量。一群蜜蜂需要长势良好的蜜源，油菜、紫云英、荞麦、苕子、云芥、苜蓿、三叶草等小花蜜源 0.27 ~ 0.40 公顷，果树类蜜源 0.33 ~ 0.40 公顷，瓜类作物蜜源 0.47 ~ 0.67 公顷，向日葵、棉花等大花蜜源 0.67 ~ 1.0 公顷。

2. 交通方便

蜂场的交通条件与养蜂场生产和养蜂人生活都有密切关系。蜂群、养蜂机具设备、饲料糖、蜜蜂产品的运销以及蜂场职工和家属的生活物质的运输都需要比较理想的交通条件。一般情况下，交通方便的地方野生蜜粉资源往往也破坏严重。因此，以野生植物为主要蜜源的定地蜂场，在重点考虑蜜粉源条件的同时，还应兼顾蜂场的交通条件。

3. 小气候适宜

蜂群场地周围的小气候，会直接影响蜜蜂的飞翔天数、日出勤时间的长短、采集蜜粉的飞行强度以及蜜粉源植物的泌蜜量。小气候主要受植被特点、土壤性质、地形地势和湖泊河流等因素的影响。养蜂场地最好选择地势高燥、背风向阳的地方。如山腰或近山麓南向坡地上，背有高山屏障，南面一片开阔地，阳光充足，中间布满稀疏的高大林木。这样的蜂场场地春天可防寒风侵袭，盛夏可免遭烈日暴晒，并且凉风习习，也有利于蜂群的活动。

4. 水源良好

没有良好水源的地方不宜建立蜂场。蜂场应建在有常年涓涓流水或有较充足水源的地方，且水体和水质良好，悬浮物、pH、溶解氧等水质指标应合格。

蜂场不能设在水库、湖泊、河流等大面积水域附近，蜂群也不宜放在水塘旁。因为在刮风的天气，蜜蜂采集归巢时容易在飞越水面时落入水中，处女王交尾也常常因此而损失。此外还要注意蜂场周围不能有污染或有毒的水源。

5. 蜂群密度适当

蜂群密度过大对养蜂生产不利，不仅减少蜂蜜、蜂花粉、蜂胶等产品的产量，还易在邻场间发生偏集和病害传播。在蜜粉源枯竭期或流蜜期容易在邻场间引起盗蜂。蜂群密度太小，又不能充分利用蜜源。在蜜粉源丰富的情况下，在半径 0.5 千米范围内蜂群数量不宜超过 100 群。

养蜂场址的选择还应避免相邻蜂场的蜜蜂采集飞行的路线重叠。如果蜂场设在相邻蜂场和蜜源之间，也就是蜂场位于邻场蜜蜂的采集飞行路线上，在流蜜后期或流蜜期结束后易被盗；如果在蜂场和蜜源之间有其他蜂场，也就是本场蜜蜂采集飞行路线途经邻场，在流蜜期易发生采集蜂偏集邻场的现象。

6. 保证安全

蜂场的场址应能够保证养蜂人和蜜蜂的安全。建立蜂场之前，还应该先摸清危害人、蜜蜂的敌害情况，如大野兽、黄喉貂、胡蜂等，最好能避开有这些敌害的地方建场，或者采取必要的防护措施。对可能发生山洪、泥石流、塌方等危险的地点也不能建场，尤其是要调查所选场址在历史上是否发生过水灾或场址周边历史最高水位。山区建场还应该注意预防森林火灾，除应设防火路之外，厨房应与其他房舍隔离。北方山区建场，还应特别注意在大雪封山的季节仍能保证人员的进出。

养蜂场应远离铁路、厂矿、机关、学校、畜牧场等地方，因为蜜蜂性喜安静，如有烟雾、声响、震动等侵袭会使蜂群不得安居，并容易发生人畜被蜇事故。在香料厂、农药厂、化工厂以及化工农药仓库等环境污染严重的地方绝不能设立蜂场。蜂场也不能设在糖厂、蜜饯厂附近，蜜蜂在缺乏蜜源的季节，就会飞到糖厂或蜜饯厂采集，不但影响工厂的生产，而且对蜜蜂也会造成很严重的损失。

（二）定地和转地养蜂场配套设施和用具

蜂具按其用途可分为管理用具、取蜜用具、取浆用具及其他用具。这些蜂具可以自制，也可以购买。

1. 管理用具

一般情况下，蜂场为了管理和生产的方便必须具备以下管理用具。

（1）面网　又叫面罩，是一种防蜇用具。目前使用的有两类：一是面网和帽子分离，临用时把帽子和面网连成一体；另一类是面网帽子相连。面网用蚊帐布做成，在面部前方为面积 28 厘米 ×28 厘米的真丝前脸。真丝前脸是黑色细丝结成的小网，不易阻挡视线（图 3–2）。

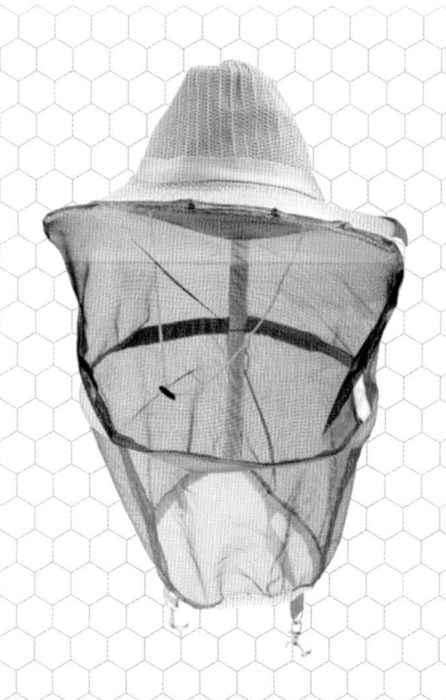

图 3–2　面网

（2）喷烟器　由风箱和发烟炉构成。风箱有弹簧，挤压收缩生风，放松吸气复原。发烟炉下部有圆孔炉栅，栅下空间为进风室，栅上空间为产烟室，炉盖上带有喷烟嘴。喷烟驱赶蜜蜂，使蜜蜂忙于躲避和吸蜜，减少蜇人，便于进行管理（图 3–3）。

图 3–3　喷烟器

（3）起刮刀　有锤式和弯刃式。起刮刀可用来撬动继箱、连接条、副盖和巢框，刮除蜂胶、脾、蜡屑和腐物等（图 3–4）。

图 3–4　起刮刀

（4）蜂刷　又叫蜂扫，南方用棕毛，北方用白马尾毛做成。毛不能太密，软硬适中。用于扫落王浆框和蜜脾上残剩的蜜蜂（图 3–5）。

图 3-5　蜂刷

（5）饲喂器　饲喂器种类很多。大量饲喂用能盛 4 ～ 6 升的框式饲喂器，少量饲喂可用盆式饲喂器（图 3–6）。

图 3-6　饲喂器

（6）隔王栅　又名隔王板，分平式和框式两种，它是根据意大利蜂王的胸部（直径 4. 9 毫米）比工蜂胸部（直径 3. 85 毫米）大的特点制成的。目前，我国常用的竹丝隔王栅的栅距为 4 毫米，轻巧方便。它主要用于蜜浆生产和人工育王（图 3–7）。

图 3-7　隔王栅

2. 取蜜用具

包括摇蜜机（图 3–8）、储蜜桶、割蜜刀、滤蜜器等。

图 3-8　摇蜜机

3. 取浆用具

包括采浆框、台基、移虫针（图 3–9）、取浆笔、眼科镊子、王浆瓶等。采浆框规格与巢框相似，上梁和边条宽均为 13 毫米。框内横装四五条能翻动的台基板条，宽 13 毫米，厚七八毫米，台基有塑料和蜡质之分，目前大多用塑料台基。

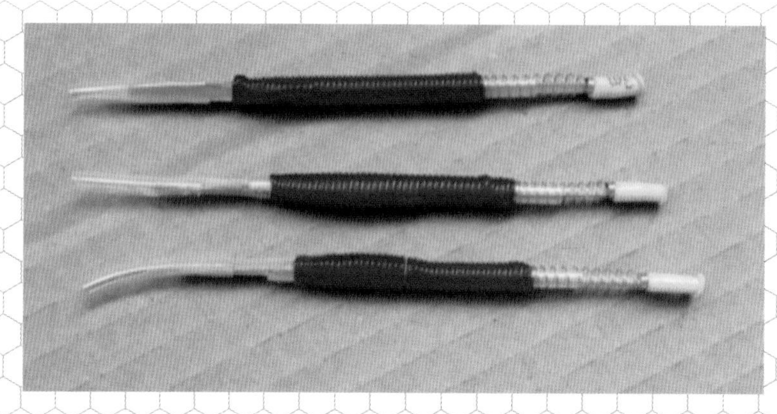

图 3-9　移虫针

4. 其他用具

巢础、脱粉片等也是养蜂生产中必不可少的用具。

三、蜜蜂品种选择

（一）了解各种蜜蜂的优缺点，因地制宜好发展

1. 意大利蜂

意大利蜂是我国养蜂生产上的当家品种。我国现有意大利蜂和以意大利蜂血统为主的蜜蜂400万群，占我国饲养的西方蜜蜂总数的80%左右；年产蜂蜜13万～14万吨，占我国蜂蜜年产量的65%～70%；年产蜂王浆2 000吨，我国蜂王浆几乎全部由意大利蜂生产。

我国饲养的意大利蜂，按其来源，可分为本意、原意、美意、澳意等品系，以及浙江平湖、萧山一带的浆蜂，中国农业科学院蜜蜂研究所的东方1号。

（1）本意　本地意大利蜂（又称中国意大利蜂）的简称，它们是20世纪20～30年代由国外引进的意大利蜂的后代，经过几十年的人工选育，

已逐渐对当地的气候、蜜源条件产生了较强的适应性，并表现出较理想的经济性状。20 世纪 70 年代前期，我国又曾连续两年由意大利、美国、澳大利亚等国大量引进了几批意大利蜂王。为便于区别起见，习惯上称原来饲养的意大利蜂为本地意大利蜂，即本意。但由于大规模的长途转地饲养，在同一个蜜源场地里往往有几个、十几个甚至几十个蜂场同时存在，而这些蜂场饲养的蜜蜂又往往不是同一个品种，各蜂场在培育蜂王时又根本无法控制其交配（蜂王和雄蜂是在空中交尾的，其婚飞范围的半径分别可达 5 ~ 7 千米，甚至更远），从而导致了本意种性的严重混杂和退化。因此，原来意义上的本意早已不复存在；现在通常所说的本意，实际上就是那些血统混杂、种性退化、经济性状不良的意大利蜂。

（2）原意　原产地意大利蜂的简称，它们是 20 世纪 70 ~ 80 年代由意大利引进的意蜂王的后代。在原产地，即在意大利的亚平宁半岛上，意大利蜂的体色变化很大；中国农业科学院蜜蜂研究所保存的原意是 20 世纪 80 年代由意大利带回的意蜂王的后代，其体色为橙黄色，产育力强，产浆性能好，分蜂性弱，但易患美洲幼虫腐臭病。

（3）美意　美国意大利蜂的简称，它们是 20 世纪 70 ~ 80 年代由美国引进的意大利蜂王的后代，实际上是意大利蜂品种之内的四个近交系之间的双交种斯塔莱茵（Starline）的后代，其体色分离现象较明显，有的偏黄，有的偏黑。中国农业科学院蜜蜂研究所保存的美意，其体色比原意深，采集力比原意强，但产浆性能比原意差。

（4）澳意　澳大利亚意大利蜂的简称，它们是 20 世纪 70 ~ 90 年代由澳大利亚引进的意大利蜂王的后代。其形态特征、经济性状和生产性能与美意相似。

（5）浆蜂　形成于我国浙江省的杭嘉湖平原。据初步调查分析，它是20世纪70年代前期引进我国的原意与浙江当时的本意杂交后，经杭嘉湖平原的一些生产蜂场十几年的选育而形成的一个品系。其主要的选育者有平湖的周良观、王进、李志勇，萧山的洪德兴等。浆蜂最大的特点是泌浆力特别强，在大流蜜期，一个强群每3天可生产王浆80克以上；但产蜜能力明显低于其他品系的意大利蜂，饲料消耗量大，抗病力低。

（6）东方1号　中国农业科学院蜜蜂研究所石巍等在“十五”期间用本意作素材选育而成的抗螨品系，适合于南方饲养。

2. 卡尼鄂拉蜂

卡尼鄂拉蜂（原译喀尼阿兰蜂）是我国养蜂生产上使用的又一个重要的西方蜜蜂品种。我国现有卡尼鄂拉蜂和以卡蜂血统为主的蜜蜂50万群，占我国饲养的西方蜜蜂总数的10%左右。卡尼鄂拉蜂最大的特点是采集力特别强，善于利用零星蜜粉源，越冬性能强；但其产育力较弱，泌浆能力差，产浆量低。因此，北方的那些只生产蜂蜜的蜂场，除黑龙江、吉林和新疆的局部地区外，大多喜欢饲养卡尼鄂拉蜂。

卡尼鄂拉蜂正式用于我国养蜂生产始于20世纪70年代初，当时马德风等在四川崇庆等地试用输送卵虫法推广蜜蜂良种时所用的母本就是卡尼鄂拉蜂。

我国饲养的卡尼鄂拉蜂，按其来源，可分为奥卡、南卡和喀蜂等生态型。

（1）奥卡　奥地利卡尼鄂拉蜂的简称，它们是20世纪70年代由联邦德国引进的卡尼鄂拉蜂王的后代，因联邦德国的卡尼鄂拉蜂就是其原产地奥地利的卡尼鄂拉蜂，故称奥卡。蜂王黑色或深褐色，有的蜂王第1 ~ 3腹节背板上有暗黄色环带；工蜂和雄蜂为黑色。奥卡采集力强，善于利用零星蜜粉源，与同等群势的意尼鄂拉蜂相比，其产蜜量高20%以上；产育力较弱，泌浆能力差，在大流蜜期每3天群产王浆仅10 ~ 20克；分蜂性较强，不易维持强群；节约饲料；越冬性能强。

（2）南卡　南斯拉夫卡尼鄂拉蜂的简称，也称卡蜂。它们是20世纪70年代由南斯拉夫引进的卡尼鄂拉蜂王的后代。蜂王深褐色，第1 ~ 3腹节背板上有暗黄色环带；工蜂和雄蜂为黑色。其经济性状和生产性能与奥卡基本相似，但采集力比奥卡强。

（3）喀蜂　20世纪70年代末由罗马尼亚引进的卡尼鄂拉蜂王的后代。蜂王黑色，腹部较细；工蜂和雄蜂为黑色。除越冬性能较卡蜂稍强外，其生产性能与卡蜂相似。吉林省养蜂科学研究所选育并保存的喀尔巴阡黑环系即为喀尔巴阡蜂的一个近交系。

知识链接

中蜜一号蜜蜂配套系

中蜜一号蜜蜂配套系是由中国农业科学院蜜蜂研究所主持，联合国内6家主要蜂业科研、中试机构，利用意大利蜂、卡尼鄂拉蜂为育种素材，经过20多年不间断培育而成的抗螨、蜂蜜高产型蜜蜂配套系。其突出特点是抗螨效果显著，可以显著降低蜂螨损害，同时蜂王产卵能力强，能维持较大群势，采集能力强，产蜜量高，适合我国大部分地区饲养，能产生较高经济效益。

3. 东北黑蜂

东北黑蜂饲养于东北的北部地区，集中于黑龙江东部的饶河、虎林一带，它们在当地已有近 1 个世纪的饲养历史。据报道，20 世纪 80 年代末，仅黑龙江省虎林县东北黑蜂保护区内就有纯种东北黑蜂 5 000 多群。

东北黑蜂是 19 世纪末 20 世纪初由俄国传入我国的远东蜂，它是中俄罗斯蜂和卡蜂的过渡类型，并在一定程度上混有高加索蜂和意大利蜂的血统。个体大小及体形与卡蜂相似。蜂王大多为褐色，其第 2、第 3 腹节背板具黄褐色环带，少数蜂王为黑色；工蜂为黑色，少数个体第 2、第 3 腹节背板上具黄褐色斑；雄蜂为黑色。绒毛灰色至灰褐色。喙较长，平均为 6. 4 毫米；第 4 腹节背板绒毛带较宽；第 5 腹节背板覆毛较短。产育力较强，春季群势发展较快。分蜂性较弱，可养成大群。采集力强，特别适应于对椴树蜜源的采集；善于利用零星蜜粉源。不怕光，开箱检查时较安静。与意蜂相比，较爱蜇人、越冬性强、定向力强、不易迷巢、盗性弱；较抗幼虫病；易患麻痹病和孢子虫病；蜜房封盖为中间型。

4. 新疆黑蜂

新疆黑蜂又称伊犁黑蜂，集中分布于新疆的伊犁、塔城、阿勒泰等地区。据初步观察研究，它们是 20 世纪初由俄国传入我国的中俄罗斯蜂，其形态特征、生物学特性和生产性能与欧洲黑蜂相同。现已基本被混杂。

5. 杂交种蜜蜂

根据我国养蜂生产发展的需要，20 世纪 80 年代以来，中国农业科学院蜜蜂研究所和吉林省养蜂科学研究所等科研单位先后开展了蜜蜂杂交育种研究工作；20 世纪 90 年代初以来，已陆续育成了几个高产杂交种蜜蜂在生产上推广应用，如国蜂 213、国蜂 414、黄山 1 号、白山 5 号、松丹 1 号、松丹 2 号等。

国蜂 213、国蜂 414、黄山 1 号是中国农业科学院蜜蜂研究所刘先蜀等在“七五”和“八五”期间培育的。其中，国蜂 213 是蜂蜜高产型杂交种，它是由两个高纯度的意蜂近交系和一个高纯度的卡蜂近交系组配而成的三交种，其蜂蜜和王浆的平均单产，分别比普通意大利蜂提高 70% 和 10%；国蜂 414 是王浆高产型杂交种（其血统构成与国蜂 213 相似，但组配形式不同），其王浆和蜂蜜的平均单产，分别比普通意蜂提高 60% 和 20%；黄山 1 号是蜜浆双高产型杂交种，它是由四个高纯度的意大利蜂近交系和一个高纯度的卡蜂近交系组配而成的特殊的三交种，其王浆和蜂蜜的平均单产，分别比普通意大利蜂提高 2 倍和 30%。

白山 5 号、松丹 1 号和松丹 2 号是吉林省养蜂科学研究所葛凤晨等培育的。其中，白山 5 号是蜜浆兼产型杂交种，它是由两个卡蜂近交系和一个意蜂品系组配而成的三交种，其蜂蜜和王浆的平均单产，分别比普通意蜂提高 30% 和 20%；松丹 1 号是蜂蜜高产型杂交种，它是由两个卡蜂近交系和一个单交种蜜蜂组配而成的双交种，其蜂蜜和王浆的平均单产，分别比普通意蜂提高 70% 和 10% 以上；松丹 2 号也是蜂蜜高产型杂交种，它是由两个意蜂近交系和一个单交种蜜蜂组配而成的双交种，其蜂蜜和王浆的平均单产，分别比普通意蜂提高 50% 以上和 20% 以上。

（二）根据养蜂性质和规模，选择适宜蜂种

蜂种没有绝对的良种，如果有一个绝对好的蜂种，其他蜂种将全被淘

汰。现存在的各蜂种均有其优点，也有其不足。在选择蜂种前必须深入研究各蜂种的特性，并根据养蜂条件、饲养管理技术水平、养蜂目的等对蜂种做出选择。对于任何优良蜜蜂品种的评价，都应该从当地自然环境和现实的饲养管理条件出发。忽视实际条件而侈谈蜂种的经济性能，是没有现实意义的。龚一飞等提出选择蜂种应从适应当地的自然条件、能适应现实的饲养管理条件、增殖能力强、经济性能好、容易饲养等几方面考虑。

1. 所选择的蜂种必须适应当地的自然条件

自然条件包括气候、蜜粉源、病敌害等。针对气候因素，应考虑蜂种的越冬或越夏性能。在北方，由于冬季长，而且寒冷，所以选择蜂种应着重考虑蜜蜂的群体抗寒能力；在南方，因为需要利用冬季蜜源，所以选择蜂种应着重考虑蜜蜂个体的耐寒能力。针对蜜粉源因素，应考虑不同蜂种对蜜粉源的要求和利用能力。针对蜜蜂病敌害的因素，则应考虑不同蜂种对当地主要病敌害的内在抵抗能力，以及人为的控制能力。

2. 所选择的蜂种必须能适应现实的饲养管理条件

不同蜂种对适应副业或专业等养蜂经营方式、定地或转地饲养方式等养蜂生产方式，以及对蜜蜂饲养管理技术水平的要求均有所不同，对适应机械化操作程度也不一样。因此，所选择的蜂种，应考虑能否适应现有的饲养管理条件。

3. 所选的蜂种应群势增长速度快、经济性能好

群势增长速度是蜜蜂良种的重要特征之一，与蜂群的生产能力直接相关。群势增长速度是蜂王产卵力、工蜂育虫力以及工蜂寿命等的综合表现。群势增长速度快的蜂种，可以长期有效地采集丰富的蜜粉源，对转地饲养、

追花采蜜也极为有利。而养蜂的主要目的之一是要获取大量的蜂产品，所以选择的蜂种在相应的饲养条件下，应具有较高的生产力。

4. 适当考虑蜂种管理的难易问题

蜂群管理难易将直接影响劳动生产率的高低。如果蜜蜂的性情温驯，分蜂性和盗性弱，清巢性和认巢性强，则管理较为方便。

我国蜂种分布情况

我国蜂种分布的大体情况是东北、内蒙古和新疆等北方地区，基本上以饲养西方蜜蜂为主；四川、重庆、云南、贵州、广东、广西、福建等地区，基本上以饲养中蜂为主；其余广大的中部地区中、西蜂交错。这种现状是根据各地客观条件，在长期的生产实践中逐渐形成的。在西南和华南，西方蜜蜂由于越夏困难，对冬季蜜源也难以利用，所以不甚适宜；而中蜂土生土长，能适应当地的自然条件，所以生产比较稳定。在东北、西北和华北，冬季严寒，且蜂群越冬时间长，由于西方蜜蜂中灰、黑色蜂种的群体耐寒性强，所以饲养情况良好。在中部地区，蜜粉源丰富的平川区域，意蜂优良的生产性能可以得到充分的发挥，因而多以意蜂为主；而在蜜粉源分散的山区，则一般适宜饲养中蜂。近年来，由于西方蜜蜂的竞争、自然环境和社会环境的改变，中蜂的分布区呈萎缩态势。

四、了解蜜蜂的习性

（一）掌握蜜蜂生物学特性是养好蜜蜂的前提

蜜蜂属于真社会性昆虫，与其他非社会性昆虫相比，蜜蜂生物学特性是其最显著特征。长期以来，蜜蜂生物学特性一直受到广大生物学家关注，其原因一方面是人们意识到蜜蜂给农作物授粉的重要性，另一方面是蜜蜂生物学研究结果对整个社会生物学及行为生态学领域都有深远影响。因此蜜蜂生物学特性研究，已成为当今社会昆虫学研究的热门课题之一。

1. 蜂群组成

蜜蜂是社会性昆虫，以群体为单位，任何一只蜜蜂都不可能长时间地离开群体而单独生存。一般情况下，正常蜂群中有一只蜂王、数千至数万只工蜂，数百至数千只雄蜂（有季节性）。蜂王、工蜂和雄蜂总称为三型蜂（图 3–10）。

图 3–10　蜜蜂三型蜂（李建科　摄）

（1）三型蜂

1）蜂王　蜂王（图 3-11）在王台中产下受精卵，受精卵经过 3 天后孵化为小幼虫，这种小幼虫在整个发育期都食用工蜂提供的蜂王浆。随着幼虫生长，王台也会随之加高。在幼虫孵化后第五天末，工蜂用蜂蜡将王台口封严。在已封盖的王台内，幼虫继续进行第五次蜕皮后化为蛹，然后由蛹羽化为处女王。在处女王出房前 2 ～ 3 天，工蜂先把王台顶盖的蜂蜡咬薄，露出茧衣，以便让处女王容易出房。刚刚出房的处女王，便立即去寻找其他王台。当遇到一个封盖的王台，处女王便用锐利的上颚从王台侧壁咬一个小孔，然后用螫针把未出台的处女王一个个都刺死在王台中。除非工蜂保护几个王台，以便进行第二次或第三次分蜂，否则处女王会在巢脾上不断巡视，直到消灭最后一个王台为止。如果两只处女王正好同时出房，那么它们将进行生死决斗，并用螫针和上颚去攻击对方，直到其中的一只被杀死。

图 3-11　蜂王（李建科　摄）

由于刚羽化的处女王畏光，加上个体和工蜂差异不大，因此在出房后的几天，很难在见光的巢脾上发现它。出房3天后，处女王便出巢试飞，以便熟悉蜂巢所处的环境。因此为了让处女王更容易认识自己的蜂巢，一般要在蜂箱上涂上各种颜色。当处女王到6 ~ 9日龄时，其尾端的生殖腔时开时闭，腹部不断抽动，并有工蜂跟随处女王，这标志着处女王已经性成熟。在气温高于20℃且无风的天气，处女王在一些工蜂推拥之下进行婚飞，交配的地点一般在离蜂箱3 ~ 4千米的30米高空。每只处女王可以和数只雄蜂交配。交配可以在一天内完成，也可以在几天内进行。完成了交配的蜂王，通常在交配后2天左右开始产卵，并专心实施它的任务。已交配的蜂王，可随意地在王台中或工蜂巢房中产下受精卵，在雄蜂巢房中产下未受精卵。

由于天气的原因，处女王的婚飞可以最多延迟到3 ~ 4周，如果还不能婚飞交配的话，处女王将在蜂群内开始产雄蜂卵。

知识链接

蜂群内出现王台的三种情况

蜂群内出现王台有三种情况：一是群势太强，蜂群要自然分蜂，此时王台较多，并且位于巢脾下缘和边缘；二是产卵蜂王已经衰老，工蜂会在巢脾中央位置造1 ~ 3个王台来培育新的蜂王，这种情况可以见到老蜂王和新蜂王共存，但不久老蜂王会自然死亡，这种现象叫“母女交替”；三是当蜂群内蜂王突然死亡或受到严重损伤，工蜂会把1 ~ 3日龄幼虫的工蜂巢房改造成王台，以此来培育新的蜂王，此时王台数目最多且位置不定。

蜂王是蜂群内唯一雌性生殖器官发育完全的蜜蜂，其专职任务就是产卵。一般蜂王体重是工蜂体重的 2 ~ 3 倍。意蜂的蜂王体长 20 ~ 25 毫米，体重约 300 毫克；中蜂的蜂王体长 18 ~ 22 毫米，体重约 250 毫克。蜂王腹部发达，翅膀短而窄，只能盖住其腹部的 1/2 ~ 2/3。在产卵期间，工蜂给蜂王饲喂的都是蜂王浆，使蜂王保持快速的代谢能力。据统计：意蜂的蜂王一昼夜可以产卵 1 500 ~ 2 000 粒；中蜂的蜂王一昼夜可产 800 ~ 1 000 粒卵。每天蜂王产的卵的重量相当于蜂王本身重量的 1 ~ 2 倍，这是自然界中一个少有的现象。

蜂王的自然寿命可达 5 ~ 6 年，但 1 年后的蜂王，产卵力明显下降。因此在养蜂生产过程中，为了维持强群，最好能每年更换蜂王。

在正常的自然蜂群中，除了蜂群老蜂王与新蜂王自然交替外（即蜂王“母女交替”），一个蜂群中只能有 1 只蜂王，这是蜜蜂生物学中的一条基本规律。当蜂王错入他群或 2 只处女蜂王同时出房或人为地错误诱入蜂王等，造成一个蜂群中有 2 只或 2 只以上蜂王，其结果是蜂王互相厮打或工蜂围王，最后蜂群中同样只留下 1 只蜂王。

从理论上看，若在一个蜂群中有多只蜂王共存，多只蜂王同时产卵，可以提高蜂群繁殖速度，培养和维持强群，从而提高蜂群的产量和蜂产品质量。目前在养蜂生产中，只能通过隔王板将蜂箱分隔成蜂王不能互相通过的两区进行饲养，即双王群饲养。实践证明：双王群饲养可提高蜂群繁殖速度和蜂群的产量。

多王群是指蜂群中有 2 只或 2 只以上蜂王存在，并且蜂王能和平共处，各司产卵之职。严格地说，通过隔王板饲养的双王群还不能属于多王群，因为2只蜂王不能互相见面。从20世纪20年代开始，国内外许多学者对多王蜂群的组建技术进行了探索，通过多种方法组织多王群，并取得了可喜的研究成果。胡福良等采用生物诱导和环境诱导相结合的技术方法，成功组建多只蜂王在同一产卵区内自由活动和产卵的多王群，并且实现了多王同巢越冬，打破了“人工组成的同巢多王群，多只蜂王只能相处几个月”的传统。他们通过对多王群蜂王产卵力的观察发现，经生物诱导处理的单只蜂王的产卵力与未经处理蜂王的产卵力相比无显著差异；而3王群和5王群蜂王的产卵力分别是单只蜂王产卵力的222.94%和367.09%。

案例

多王群生产

根据浙江省平湖市种蜂场实践证明，多王群在加快蜂群繁殖速度，方便移虫，维持强群，提高蜂蜜、王浆、蜂蛹虫产量和质量，提高蜂群抗病力等方面具有较高的应用价值。目前使用组建多王群技术，都用到蜂王去颚技术，这种去颚技术是否对蜂王的生理和行为有影响？若有影响，具体表现在哪些方面？这些问题都有待于进一步评价。

知识链接

同一蜂群中多只蜂王不能共存的原因

在自然条件下，同一蜂群中多只蜂王不能共存，从蜜蜂生物学角度来分析，可能有三个原因：一是不同的蜂王分泌不同的信息素，工蜂和其他蜂王能通过嗅觉系统辨别，从而引起蜂王互相厮打或工蜂围王；二是工蜂或蜂王能通过视觉系统，发现不同的蜂王，从而引起蜂王互相厮打或工蜂围王；三是工蜂或蜂王能通过听觉系统，发觉不同的蜂王发出不同的声波信号，从而引起蜂王互相厮打或工蜂围王。当然以上三个原因，可能是其中之一，也可能是两者或三者并存。要彻底解决多王群问题，必须从蜜蜂生物学角度，探讨其根本的机理，从而把组建多王群技术更广泛地在养蜂生产中推广应用。

当蜂群中突然失王，群内工蜂能在失王 10 小时内发现蜂群失王。数小时之后整群工蜂就表现出骚动不安、好斗和不断在巢脾上走动，并能听到“轰鸣”声。若群内有受精卵或雌性小幼虫时，工蜂通常在失王 12 ~ 48 小时，开始把子脾上的受精卵或小幼虫工蜂巢房改造为王台，并给以特别的食物，这种建王台行为一直到失王后 9 ~ 12 天。工蜂通常建造 10 ~ 20 个王台，这种改造王台位置不定。自蜂群开始培育蜂王，巢内外的秩序即恢复正常。为了保证蜂王的质量，工蜂会选择 2 日龄以内的工蜂幼虫来培育蜂王。但有时工蜂也会错误地把 4 ~ 5 日龄的工蜂幼虫巢房或雄蜂幼虫巢房改造来培育蜂王，显然这是一种无用功，40% ~ 50%失王群会出现这种现象。

不同蜂种，蜂群失王后，表现的行为有所差异。非洲化蜜蜂倾向用工蜂大幼虫来培育蜂王，这样可以缩短蜂群无王的时间，但降低了蜂王的质量。无王非洲化蜂群，产生了大量成熟王台后，通常会产生 2 ~ 3 次分蜂，而无王的欧洲蜜蜂，通常最多只产生 1 次分蜂。在有子脾的无王群中，工蜂的各项活动和正常蜂群基本相同，但由于蜂群中后期缺乏哺育工蜂，有些采集蜂工蜂反向发育形成哺育蜂。在无子脾的无王群中，工蜂不可能用蜂王产的子脾来培育蜂王，工蜂开始产卵，通常只能产发育成雄蜂的未受精卵，特殊情况工蜂可以产发育成蜂王的受精卵。在有王群中，很多工蜂有产卵的潜力，但蜂王和子脾产生的信息素抑制了工蜂产卵能力。在无王群中，工蜂的卵巢和上颚腺得到发育。

知识链接

工蜂卵巢发育等级划分

根据工蜂卵巢管发育程度，可以把工蜂的卵巢发育划分为 0、1、2、3 和 4 五个等级。发育程度为 0 级的工蜂卵巢：卵巢整体细小，单个的卵巢管不易分开。发育程度为 1 级的工蜂卵巢：卵巢整体膨胀，但在单个的卵巢管中不能见到卵细胞。发育程度为 2 级的工蜂卵巢：卵巢整体进一步膨胀，在单个的卵巢管中可以见到初级的卵细胞，但卵细胞比营养细胞小。发育程度为 3 级的工蜂卵巢：卵巢整体进一步膨胀，在单个的卵巢管中可以见到卵细胞，且卵细胞比营养细胞大。发育程度为 4 级的工蜂卵巢：在单个的卵巢管中充满了成熟的卵细胞，卵细胞明显大于营养细胞。一般说来，工蜂卵巢发育处于 3 ~ 4 级，可以认为该工蜂卵巢已完全发育。

蜂群失王后，西方蜜蜂有 5% ~ 24%工蜂卵巢得到充分发育并产发育成雄蜂的未受精卵，其中欧洲蜜蜂 20 ~ 30 天工蜂开始产卵，而非洲蜜蜂 5 ~ 10 天开始产卵；而东方蜜蜂在失王 2 ~ 3 天后，工蜂就开始产卵，并且有72%的工蜂卵巢得到发育。非洲蜜蜂工蜂每天产卵数量明显要比欧洲蜜蜂工蜂多，工蜂一旦产卵，工蜂的攻击性和好斗性增强，不易接受新的蜂王。

产卵工蜂的外部形态除腹部略为伸长外，其他与正常工蜂无明显区别。工蜂产卵前，工蜂也是先要清扫巢房，然后产卵工蜂常使背部或侧面朝着房底，因此卵多产在房壁上。在产卵时，周围也有侍卫工蜂，但对产卵工蜂的饲喂也不像对待蜂王那样周到。一只产卵工蜂，在一个巢房里1次只产1粒卵，但同一巢房里可出现数粒卵，是由多只产卵工蜂产卵所致。工蜂产卵分散，无规律，产在巢房里的卵东倒西歪，十分混乱。工蜂产的未受精卵与蜂王产的未受精卵的外部形态无明显区别，但羽化的雄蜂个体比正常雄蜂小，初生重轻。

无王蜂群工蜂出勤率下降36.5%～48.3%，采集力明显下降。若无王群及时介绍成熟王台或诱入产卵王后，工蜂产卵可被控制。但工蜂产卵时间越长，介绍成熟王台或诱入产卵王越难成功，蜂群群势下降越快。事实上，这种无王群，由于没有出房工蜂补充蜂群，蜂群中工蜂数量越来越少，最后全群毁灭。

2）工蜂　蜂王在工蜂巢房中产下受精卵，受精卵经过3天后孵化为小幼虫，工蜂幼虫在1～3日龄时同蜂王幼虫一样食用蜂王浆，3日龄后食用的却是蜂粮，正是这种营养差别和发育空间大小的作用，使工蜂的生殖器官得不到良好的发育，同时个体与蜂王差异甚大（图3-12）。

图 3–12　工蜂（李建科　摄）

刚羽化出房的幼蜂身体柔弱，灰白色，需要其他工蜂饲喂蜂蜜，数小时后逐渐硬朗起来，但动作缓慢，也没有蜇刺能力。3 日龄以内的工蜂除食用蜂蜜外，还需要食用蜂粮，以保证个体正常发育。工蜂初次飞行一般为 3 ~ 5 日龄，在巢门附近做简单的认巢飞行并进行第一次排泄。在晴好天气下午 1 ~ 3 点，幼年工蜂会集中出巢飞行，飞行中头向巢门，距离逐渐扩大，持续 10 ~ 20 分后回巢。

工蜂是雌性器官发育不完全者，工蜂在蜂群中数量最多，而个体却最小，意蜂工蜂体长 12 ~ 14 毫米，体重约 100 毫克；中蜂工蜂体长 10 ~ 13 毫米，体重约 80 毫克。工蜂为了适应所负担的各项工作，它的身体许多结构都发生了特化，从外表看最为明显的结构是周身的绒毛和引人注目的三对足（后足有花粉筐），都非常适宜于采集植物的花粉。工蜂的内部结构也发生了一定特化，其中前肠中的嗉囊特化为蜜囊，以便储存花蜜。

工蜂在群内担任的工作随着日龄变化而改变，一般说来 1 ~ 3 日龄承担保温孵卵、清理产卵房的工作；3 ~ 6 日龄承担调剂花粉与蜂蜜，喂饲大幼虫的工作；6 ~ 12 日龄承担分泌蜂王浆，饲喂小幼虫和蜂王的工作；12 ~ 18 日龄承担泌蜡造脾清理蜂箱和夯实花粉的工作；18 日龄以上承担采集花蜜、水、花粉、蜂胶及巢门防卫的工作。

根据蜂群内的具体情况，不同日龄的工蜂所担任的工作可做一些临时调整。比如由单一幼龄工蜂组成的蜂群，会有部分工蜂提前进行采集活动。另外在大流蜜期来临时，也会有部分幼龄工蜂提前进行采集活动。工蜂血液中的保幼激素含量和工蜂所从事的工作有很大的关系，血液中的保幼激素含量是随日龄的增长而增加的。

在采集季节，工蜂平均寿命只有 35 天。而秋后所培育的越冬蜂，一般能生存 3 ~ 4 个月，有时甚至 5 ~ 6 个月。

3）雄蜂　蜂王在雄蜂巢房中产下未受精卵，未受精卵 3 天后孵化为小幼虫，雄蜂幼虫食用营养物的质量与工蜂幼虫相似，但数量却多 3 ~ 4 倍，因此雄蜂幼虫比工蜂幼虫大（图 3–13）。当幼虫封盖时，雄蜂巢房的封盖明显高于工蜂巢房的封盖。中蜂的雄蜂封盖呈笠帽状，并且上面有透气孔，这是意蜂所没有的。

图 3–13　雄蜂（李建科　摄）

刚羽化的雄蜂不能飞翔，只能爬行，它们主要在巢房的中央有幼虫的区域活动，这主要是因为在这一区域有较多的哺育工蜂，它们一方面可以很方便地向这些哺育工蜂乞求食物，另一方面，这一区域的温度也比巢房周围的温度高，有利于雄蜂的发育；而发育到了即将成熟阶段的雄蜂则主要在边脾上活动，这时它们可以自己取食工蜂储存在这些巢房内的食物，同时这些地方离巢门更近，利于它们出巢飞行。

羽化后 7 ~ 8 天，雄蜂开始认巢飞行，认巢飞行的时间很短，一般只有几分钟的时间。大约羽化 12 天后雄蜂性成熟，它们开始进行婚飞，每次平均持续 25 ~ 32 分，甚至超过 60 分。雄蜂在一天内会出巢飞行 3 ~ 5 次。雄蜂婚飞有一个很明显的特征是成百上千只雄蜂聚集在一起，形成“雄蜂云”，也叫雄蜂聚集区。通常一个雄蜂聚集区会有来自很多个蜂群的雄蜂，而且每年都在同一个地方形成，雄蜂聚集区通常就是雄蜂和蜂王交尾场所。12 ~ 27 日龄雄蜂是与处女王交配最佳时期。只有最强壮的雄蜂才能获得与处女王交配的机会。交配后，雄蜂由于生殖器官脱出，不久后便死亡。

雄蜂是蜂群内的雄性“公民”。雄蜂具有一对突出的复眼和发达的翅膀。雄蜂可以任意地进入每一个蜂群，这种特性可以避免近亲交配。

在蜜粉充足的季节，雄蜂的寿命可达 3 ~ 4 个月。但缺乏蜜粉时，交配季节已过，工蜂便会把雄蜂驱赶到边脾上或蜂箱底，甚至蜂箱外面。由于雄蜂既无力反抗，又不能自己取食，只好活活饿死。

（2）三型蜂巢房　巢房是巢脾的基本组成单位，每个巢房平行于地面，呈正六棱柱形，与相邻的六个巢房各自共用一个面；巢房的底由三个菱形面构成尖底，每个巢房和它对面的三个巢房共用一个菱形面。从总体来看，一张巢脾由很多个互相紧密排列在一起的共用材料的双面巢房构成，这种构造既是最节省空间的，也是最牢固的，因而蜜蜂也被誉为“天才的建筑师”。

巢脾上的巢房依尺寸大小，又分为3种：王台、工蜂巢房和雄蜂巢房。王台的形状像杯状，开口朝下，体积和口径要比工蜂和雄蜂巢房大，位置随各种情况不一，常位于巢脾的下缘，它的功能就是用来培育处女王；工蜂巢房口径最小，但数量最多（东方蜜蜂的工蜂房内径为4.4 ~ 4.5毫米，西方蜜蜂的工蜂房为5.3 ~ 5.4毫米；一个标准东方蜜蜂的巢脾有工蜂房7 400 ~ 7 600个，西方蜜蜂为6 600 ~ 6 800个），工蜂巢房位置多处在巢脾上、中部，它的作用是用来培育工蜂、储存蜂蜜和花粉；雄蜂巢房比工蜂巢房大（东方蜜蜂雄蜂房内径为5.0 ~ 6.5毫米，西方蜜蜂为6.25 ~ 7.00毫米，深度为15 ~ 16毫米），雄蜂巢房多位于巢脾的下缘和两侧，它的功能是用来培育雄蜂和储存蜂蜜。

蜂群对巢脾的使用有一定规律，蜂蜜储存在巢脾的上方和两边，培育幼蜂巢房多位于巢脾中部。

（3）三型蜂发育日期　三型蜂发育日期，因蜂种差异而有所不同。三型蜂发育日期是养蜂者预测蜂群自然分蜂、培育蜂王和估计群势发展等工作的重要依据（表3–1）。

表3–1　中蜂与意蜂的发育日期（天）

三型蜂	蜂种	卵期	未封盖期	封盖期	出房日期
蜂王	中蜂	3	5	8	16
	意蜂	3	5	8	16

续表

三型蜂	蜂种	卵期	未封盖期	封盖期	出房日期
工蜂	中蜂	3	6	11	20
	意蜂	3	6	12	21
雄蜂	中蜂	3	7	13	23
	意蜂	3	7	14	24

（4）雌性蜜蜂级型分化　很早以前人们就知道受精卵既可以发育为蜂王，也可以发育为工蜂，这取决于培养的条件，即巢房大小和营养条件。将蜂王在工蜂房内产的卵或这些卵发育成的小幼虫人为地移到王台内，它们可以发育为蜂王。反过来，将王台内的卵或小幼虫移到工蜂房内，也可以发育为工蜂。由于巢房大小可以为哺育工蜂提供不同信息，从而“引导”工蜂饲喂不同食物。但是，单独用巢房的大小来解释雌性蜜蜂的级型分化是不够的，因为更重要的是食物的数量和质量。

1）营养因素对雌性蜜蜂级型分化的影响　和工蜂幼虫的食物相比，蜂王幼虫的食物含有更多哺育蜂上颚腺的分泌物，整个食物的量也比工蜂食物的量多得多。有的学者认为蜜蜂幼虫的食物主要包含有三种组分：白色、透明状和黄色组分。白色组分来自于哺育蜂的上颚腺分泌物，透明状组分来自于哺育蜂的下腭腺分泌物，黄色组分主要来自于花粉，工蜂幼虫食物中这三种组分的比例为 2 ∶ 9 ∶ 3，而蜂王幼虫在 1 日龄内的食物几乎全部为白色组分，2 ~ 3 日龄的幼虫食物中由 1 ∶ 1 的白色和透明状组分组成。由此可以看出蜂王幼虫得到了比工蜂幼虫更多的哺育蜂上颚腺的分泌物。

蜂王幼虫得到的食物不光在质量上与工蜂幼虫不同，而且在数量上也有显著的区别，蜂王幼虫几乎漂在一个“食物的海洋”里，而工蜂幼虫的食物却要少得多。蜂王幼虫和工蜂幼虫在前 3 日龄内的呼吸频率没有区别，但在 3 日龄之后，蜂王幼虫呼吸明显加快。

蜂王幼虫所食用的蜂王浆中糖含量为 34%，而 3 日龄内的工蜂幼虫所食用的蜂王浆中糖的含量仅为 12%。另外，蜂王幼虫食物中糖的成分与工蜂幼虫也有区别：前者主要为葡萄糖，后者前期葡萄糖仍是主要成分，随后葡萄糖逐渐被果糖取代。

哺育蜂对蜂王幼虫的访问次数是对工蜂幼虫访问次数的 10 倍。虽然没有专门对蜂王幼虫或工蜂幼虫进行哺育的工蜂，然而当哺育蜂访问不同的巢房时，哺育的食物却有本质的区别。

上述这些因素造成了蜂王和工蜂的不同的发育速度，说明幼虫食物的质量和数量对雌性蜜蜂级型分化起决定性作用。

3 日龄内工蜂幼虫可以发育成为蜂王，也可以发育成工蜂，人为的干预就可以改变其发育的路线。但若将 3 ～ 4 日龄的工蜂幼虫移到王台内，最终只能发育为工蜂－蜂王中间体，即类似蜂王的工蜂或类似工蜂的蜂王，这些中间体的生理特征表现为外表类似蜂王，却有着工蜂的花粉筐和下腭、螯针有钩，体形比用 3 日龄内的幼虫培育的蜂王小、体重较轻、卵小管数量少、受精囊较小。由此可见，蜂王和工蜂的级型分化的关键时期是 4 日龄前后，4 日龄以前的由受精卵发育而来的小幼虫在王台内培育就发育为蜂王，在工蜂巢房内培育就发育为工蜂。

2）激素和化学物质对雌性蜜蜂级型分化的影响　保幼激素可以提高

脂肪体中卵黄原蛋白基因的转录水平，而脑分泌的肽类可作用于翻译过程，从而提高卵黄原蛋白的合成速率，满足卵巢生长的需求。检测发现，蜂王幼虫咽侧体的体积比同日龄工蜂幼虫大，到幼虫末期甚至达到了工蜂的2倍。蜂王幼虫中保幼激素滴度也比同期工蜂幼虫高得多。蜜蜂幼虫咽侧体体外培养结果表明：4～5日龄幼虫的保幼激素合成速率迅速增加；5日龄蜂王幼虫保幼激素滴度是同期工蜂幼虫的26倍；如果将3～4日龄蜂王幼虫咽侧体移植到工蜂幼虫中，则成蜂卵巢管数目将会增加，这说明保幼激素对幼虫卵巢发育有促进作用。

Capella和Hartfelder研究发现：5日龄工蜂幼虫卵巢生殖细胞区域的细胞凋亡现象明显，而在同日龄的蜂王幼虫中未观察到卵巢凋亡现象，反而发现大量生殖细胞同时形成。用保幼激素处理过的工蜂幼虫，其卵巢中细胞凋亡的现象明显减少。这说明保幼激素滴度提高可阻止DNA降解凋亡启动。同时还发现，工蜂幼虫卵巢凋亡首先是从中部开始的，然后向后延伸。

3）基因对雌性蜜蜂级型分化的调控　许多社会性昆虫的多型现象，主要是分化基因表达的结果。研究表明：蜂王和工蜂级型分化受到mRNA和分化基因表达调节。Severson等对蜂王和工蜂幼虫阶段mRNA翻译水平比较发现，卵孵化12小时，蜂王和工蜂mRNA的翻译产物完全一样，而到83小时（4～5日龄），翻译产物出现差别：工蜂幼虫中分子量为70千道尔顿、47千道尔顿和27千道尔顿的蛋白质明显增加，而蜂王中的蛋白质与12小时的一样，说明此时工蜂发育调控基因已与发育前期及蜂王不同。翻译产物出现最大差异是在孵化后156小时（预蛹期）。此时蜂王预蛹中 5 种翻译产品（70 千道尔顿、68 千道尔顿、47 千道尔顿、36 千道尔顿和 27 千道尔顿）大量增加，而工蜂只有一种（54 千道尔顿）明显增加，说明蜂王分化基因已经活跃；至 227 小时（蛹期）时，差别最小，说明蛹期及此后基因调控基本上是一致的。由此可知，至少在 5 日龄末时，这两种幼虫已经开始出现分化，而且分化基因在预蛹期时仍非常活跃。

Corona 等发现了多个与级型分化有关的基因，它们在蜂王和工蜂幼虫分化时的表达水平有明显差异。一个是与核编码的线粒体翻译启动子（*AmIF-2mt*）相似的基因，它在蜂王幼虫中的表达水平比在工蜂中的要高；另外两个是编码线粒体蛋白的基因，即线粒体基因编码的细胞色素氧化酶亚基 1 基因（*COX-1*）和核基因编码的细胞色素 C 基因（*cytC*）。尤其是 *cytC* 基因在蜂王幼虫中的转录丰度很高，说明蜂王幼虫高生长率、高呼吸率是通过线粒体蛋白基因的高丰度表达来实现的。

据 Evans 和 wheeler 报道，在蜂王和工蜂幼虫分化时期有许多基因表现出表达差异，并获得了表达水平不同的 7 个位点，其中 5 个位点只在或主要在工蜂幼虫中表达，这 5 个位点中 4 个位点在蜂王幼虫中完全沉默；而另外 2 个在蜂王幼虫中表达的基因在工蜂中也有表达，只不过在工蜂中表达丰度更低。他们认为，这 2 个位点很可能是雌性蜜蜂级型分化调控位点，其中 1 个位点与能结合脂类和其他疏水基团的一类蛋白是同源，另一个位点与转录因子中 Ets 家族的 DNA 结合区域序列相似。

2. 蜜蜂行为

（1）蜜蜂哺育行为　蜜蜂是一种社会性昆虫，哺育行为是其社会性的一个主要特征。

1）工蜂对蜜蜂幼虫的哺育　工蜂羽化后，到6日龄，位于头部内的咽下腺开始发育，并分泌蜂王浆，其主要哺育的是1～3日龄的小幼虫和产卵蜂王。

哺育工蜂把头部伸入幼虫的巢房，尾部翘起，舌端吐出蜂王浆，置放在幼虫的头前和两侧。幼虫以体躯蠕动摄食。大约2秒后，工蜂伸出头部，再伸入第二个幼虫巢房。每个工蜂哺育的幼虫范围不是固定的。当哺育蜂发现幼虫有充足的王浆时，便缩回头部，不再饲喂。一般哺育行为在不到3秒内就完成，但也有一些哺育蜂则用它们的触角对幼小和较老的幼虫进行较长时间检查，要经过10秒，甚至20秒才离开这个巢房。4日龄后大幼虫，工蜂改用花粉混合少量王浆加上唾液进行饲喂。

每只幼虫每天要被哺育蜂探访1 300多次，在最后一天封盖以前，它们要探访巢房接近3 000次。从卵至幼虫封盖，约有2 785只次哺育蜂参加每个幼虫哺育工作，共计用了10小时16分8秒。

关于工蜂哺育幼虫的能力，目前蜜蜂生物学界并没有一致认可的具体数值，但普遍认为与蜂群的状态和哺育蜂自身的生理状况有关，塔兰诺夫通过试验认为，一只越冬的工蜂可育虫1.12只，夏季工蜂可育虫3.85只。有的学者认为蜜蜂的哺育力没有固定数值。

2）工蜂对成年蜂的哺育和食物传递　在蜂群中工蜂相互传递食物，工蜂也给蜂王和雄蜂传递食物。5日龄以内的雄蜂多由工蜂饲喂，之后便由自己取食，而蜂王的一生几乎全由工蜂饲喂，只有在特殊的情况下才会自己取食。工蜂不断彼此相互饲喂，特别是2日龄内的幼蜂被饲喂的机会更多。工蜂饲喂时间一般为1～5秒，有时为6～20秒，只有少数在20

秒以上。两只蜜蜂之间食物的传递以一方的“乞求”或对另一方的“提供”开始，二者头对着头，用吻饲喂，在饲喂的过程中两只蜜蜂的触角不断地相互接触。

3）蜂种（或品种）间的交哺行为　蜜蜂种间交哺行为，是指一种蜜蜂的工蜂哺育异种（或品种）蜜蜂的行为。东方蜜蜂和西方蜜蜂是蜜蜂属里形态特征、生物学习性最为接近的两个种，在一定条件下，东方蜜蜂和西方蜜蜂之间存在交哺行为。我国有的学者将这种东方蜜蜂和西方蜜蜂之间的交哺行为称为营养杂交，所谓营养杂交也称为蜜蜂的无性杂交，是指当把甲蜂种（或品种）的幼虫提给乙蜂种（或品种）饲喂后，由甲蜂种（或品种）幼虫发育的蜜蜂具有乙蜂种（或品种）遗传特性。

研究发现：东方蜜蜂群拒绝哺育西方蜜蜂的卵和幼虫，将西方蜜蜂的子脾放入东方蜜蜂蜂群内，在 24 小时内西方蜜蜂的幼虫基本被全部清理出房；5 天后，所有没有被哺育而死亡的卵被清理出房；有大约 18.53% 的封盖蛹出房，被蜂群接受。而西方蜜蜂群可以哺育少量东方蜜蜂的卵，有 7.90%的卵可以孵化为小幼虫，但这些小幼虫连同其他卵和幼虫因不再被哺育而死亡，在随后的 6 天内被工蜂全部清理出房；有大约 8.01%的封盖蛹出房。在东方蜜蜂蜂群里介绍的西方蜜蜂的王台幼虫，或者在西方蜜蜂蜂群里介绍的东方蜜蜂的王台幼虫，12 小时内均全部被清理出房。

东方蜜蜂和西方蜜蜂之间的营养杂交会对后代的一些形态特征产生影响。营养杂交对后代工蜂的吻长、右前翅面积、腹部第 3 ～ 4 背板总长、第 4 背板突间距、第 6 腹节面积和蜡镜面积 6 个指标与亲本工蜂之间存在极显著的差异；营养杂交中蜂第一代工蜂初生重比中蜂亲本对照组工蜂初生重增加 10.08 毫克；营养杂交意蜂第一代工蜂初生重比意蜂亲本对照组工蜂初生重减少了 25.61 毫克；营养杂交子后代工蜂的苹果酸脱氢酶Ⅱ基因型频率和基因频率存在一定的变异；意蜂营养杂交子后代之间遗传相似系数明显高于亲本意大利蜜蜂；意蜂营养杂交子后代的工蜂抗螨力显著高于亲本意蜂。通过蜜蜂营养杂交，可以改变营养杂交后代工蜂形态、生理生化、分子遗传相似性及抗螨力等特性。

往中蜂蜂群里加入意蜂封盖子脾，当中蜂的封盖子羽化出房后；往意蜂蜂群里加入中蜂封盖子脾，当意蜂的封盖子羽化出房后，便形成了中蜂与意蜂混合群蜂。在中蜂与意蜂混合群蜂中，中蜂工蜂与意大利蜂工蜂可以和平相处。

研究东方蜜蜂与西方蜜蜂之间的交哺行为，有助于了解这两个物种的发育生物学。

（2）蜜蜂筑巢行为（图 3-14）

图 3-14　筑巢行为

1）筑巢点的选择　对于蜜蜂而言，一个潜在的筑巢点至少可从巢穴大小、入口大小、与老巢的距离等信息来评价其优劣。蜜蜂对筑巢点的选择是一个整体选择过程，数百只蜜蜂相互配合，同时去侦察周围环境，从而找到最适宜的筑巢点。它们通常会找到至少20个潜在的筑巢点，但是只有一个能够最终被选择作为筑巢点。尽管很难用数量描述这一事件，但是能够确定的是，成群搜寻的效率比独居昆虫单个出去搜寻的效率要高得多。

蜜蜂对筑巢点的搜寻起始于蜂群的繁殖，当数百只年老的蜜蜂（采集蜂）停止采集食物，转向侦察新筑巢点时，搜寻过程就开始了。这时，这些蜜蜂的行为发生了很大转变。它们不再去搜寻颜色明亮、含有甜味的蜜源和花粉源，转而去侦察诸如蜿蜒的山洞、树缝、岩缝、树根间裂缝等黑暗的地方，希望能够找到一个适于筑巢的洞穴。而一旦发现了这样一个地点，1只侦察蜂就会用近1小时对其进行近距离观察。它时而钻入洞穴，时而在洞外旋绕飞行。在洞外的时候，侦察蜂会围着洞穴做缓慢的飞行，很明显它是在对洞穴的结构和周围的环境进行细致地考察。进入洞穴后，蜜蜂会在洞穴的内部表面爬行，进而逐步进入到洞穴深处。检查的时候，侦察蜂要在洞穴内部爬行大约50米或者更远距离，足迹遍布洞穴整个内部表面。用可以旋转圆桶状巢箱做实验，可以证明侦察蜂是通过其环绕洞穴内部爬行所需的步数来判断洞穴空间大小的。

当向蜂群提供具有不同性能（如容积，入口大小）的巢箱，让其自由选择最佳筑巢点，然后观察具备哪些性能的巢箱经常被占据。研究表明，意大利蜂喜欢在具备以下特征的地方筑巢：容积在15 ~ 80升；入口靠近地面，并高于地面数米；新巢距离原巢100 ~ 400米；具有以前蜂群建造的完整巢脾。然而毫无疑问，除了以上 6 个特征，其他的性能也会影响一个地点对蜜蜂的吸引力。

首先，要避免在容积小于 15 升的洞穴内筑巢，原因是一蜂群成功越冬至少需要 10 千克蜂蜜，而储存这么大数量的食物需要至少 15 升的空间。其次，一个合适的入口也会给蜂群成功越冬带来有利条件，一个小的入口可以使越冬蜂群与外界的低温环境相隔离；把入口放在巢穴的底部而不是顶部可以减少空气对流造成蜂群的热量散失；入口朝南可能会帮助蜜蜂通过一个太阳晒热了的门廊飞出去进行清洁爽飞，便于在冬天暖和的天气排除体内积存的粪便，同时可以减少入口被冰雪堵塞情况的发生。再次，如果蜂群选择一个已经具有巢脾的地方，蜂群就将本应该用于筑巢的能量转向哺育幼虫或采集食物，使蜂群成功越冬的机会大大增加。Szabo（1983）观察到把蜂群安在具有完整巢脾的地方，经过一个夏季能够比那些巢内事先没有巢脾的蜂群多生产出将近 1 倍的蜂蜜。最后，选择地势较高的地点筑巢，减少了不会飞或不会爬树侵袭者对蜂群的威胁。

当发现了一个潜在的筑巢点后，侦察工蜂会立即返回蜂群，通过摇摆舞告诉其他侦察蜂这一信息。与此同时，其他侦察工蜂也会向蜂群介绍其各自的发现。一般共有 13 ~ 34 只侦察蜂同时向蜂群报告潜在筑巢点。这种多种选择的价值就在于可以确保蜂群找到最好的筑巢点。侦察工蜂将用数天的时间全力对潜在的筑巢点进行评估，并最后确定一个最好的筑巢点。虽然在分蜂出现以前，侦察工蜂的侦察工作就开始了，但是最终的决定要迟一些，分蜂群飞离老巢后，会暂时在附近的树枝上结团，等待最后的决策。

知识链接

筑巢点决策过程

在决策过程中侦察工蜂不断比较这些已经发现的新巢，如：一只侦察蜂发现了一个它认为是最好的筑巢点，但是如果另外一只侦察蜂发现了一个更好的地点，那么前一只侦察蜂便会转向支持后者。这种比较起因于每只侦察蜂都会用其跳舞的热情来描述筑巢点的质量。个别侦察蜂在发现质量好的筑巢点时会激动地跳上半个小时或更长时间的舞蹈；而发现质量一般的地点的侦察蜂则只会跳节奏缓慢的、缺乏激情的舞蹈。当这只舞蹈缓慢的侦察蜂遇到了一只正在兴奋跳舞的侦察蜂时，它会领会后者的舞蹈，并且飞出去亲自侦察后者所指的地方。如果侦察证实那个地方确实更好，它就会转向用自己的舞蹈向其他的同伴推荐。就这样一个接一个，侦察蜂逐渐地将其注意力转向更好的地点，并且最终对筑巢点的位置达成一致意见。

当达成一致意见的时候，蜂群内大约只有 5%（约 500 只）的蜜蜂（侦察蜂）知道新蜂巢的准确位置，那么侦察蜂如何向蜂群内的其他成员传递这一信息？侦察蜂利用摇摆舞对筑巢点的位置达成了一致，但在向蜂群内的非侦察蜂传递信息时，侦察蜂却采用另外一种交流方式：侦察蜂边嗡嗡叫边急速奔跑着，直接引导蜂群开始迁飞。它们引领着直径约 10 米的蜂团飞往最佳的筑巢点。在这一过程中，侦察蜂可能是带领蜂团朝着新巢点方向疾飞，并逐步地矫正飞行方位。一旦蜂群到达了目的地后，侦察蜂就会发出某种信号使蜂群停下来。侦察蜂快速落下，在筑巢点的入口处从臭腺释放出复杂的气味，标示出巢穴入口的准确位置。在几分钟内，其他蜜蜂便开始涌进它们的新家。至此，蜂群从选择并迁飞到新筑巢点的过程就全部结束。

2）造脾　找到一个合适的筑巢点后，蜂群必须建造足够多的巢脾。首先蜜蜂要咬掉洞穴顶部松动易脱落的碎屑，确保巢脾能够悬挂在牢固的表面上。然后蜜蜂就聚集在一起悬挂在洞穴顶上，形成了一个内部相互连接的蜜蜂团。在接下来24小时，蜂群里除了采集蜂外几乎所有的蜜蜂都悬挂在那里，静止不动，同时不断地从腹部的蜡腺里分泌出细小的蜡鳞。当蜡鳞分泌足够时，下面的蜜蜂就与其他蜜蜂分开，沿着蜜蜂相互连成的长链向上爬行。蜜蜂将与上颚腺分泌物混合咀嚼过的蜂蜡放在开始建巢的地点。

通过咀嚼后蜂蜡具有很好的可塑性，起始只能形成很小的蜡团，但是最终这些蜡团会被“加工”成1～3毫米长、2～4毫米高的蜡块，蜜蜂就利用这些蜡块建造巢房。巢脾的第一个工蜂房开始在蜡块的一个面上成形。蜜蜂将凿出的蜡堆积在巢房边上。同时这一过程在蜡块的另一个面上不断地重复。不同的是，在另一个面上同时凿出的是两个巢房，而第一个巢房的中心恰好落在了对面两个巢房中心的中间。紧接着堆积起来的边缘被蜜蜂改成线形的突起，成为未来巢房壁的基础，同时相连的房壁形成了120°的夹角，使蜂房成为六边形。随着更多的蜂蜡被堆积起来，与原有巢房相连的新巢房的基部开始成形。蜜蜂不断地往蜂房根部添补蜂蜡，使巢房得以增高。同时蜜蜂将房壁两侧刨平，在中间形成一个薄的、光滑的蜡面。削掉的蜡被再次收集起来，与新蜡一起被再次用于巢房的构建。这个过程反复进行，最终一个薄薄的、呈正六边形的巢房就形成了，同时还常常加上一个宽大的护顶。

在造脾过程中，蜜蜂自始至终都很注意节约蜂蜡。蜜蜂巢脾是由一组等同的具有圆形横切面的圆柱体压缩而成的六边形棱柱。虽然与圆形相比，一定面积的六边形具有的周长要长5%，但是与圆形不同，巢房中六边形的每一条边都与相邻的巢房共享，因此对于这样的巢房来说，六边形巢房所需的蜂蜡仅仅是圆形巢房的52%。例如工蜂房壁间的距离约为5.2毫米，这个尺寸的六边形具有的周长是18.19毫米，面积是23.87毫米，尺寸相同的圆形的周长是17.32毫米。但是由于在六边形巢房中每一个巢房壁都由两个巢房所共有，所以六边形巢房的实际周长是9.09毫米。

蜜蜂还具有高超的刨平巢房间隔板的技艺，通过刨平，巢房的厚度仅为0.073毫米 ±0.008毫米，而巢房底也仅为0.176毫米 ±0.028毫米。有证据表明，工蜂的触角在测量巢房壁厚度的过程中起着关键的作用。如果人为地截断工蜂触角末尾的第六节，工蜂的筑巢行为就会变得混乱无序，甚至有的巢房巢壁会被工蜂啃出小孔，而有的房壁厚度则会变成正常厚度的118%。

由于筑巢材料的组成是恒定的，而且蜂房的构型也是相同的，因此工蜂可以利用上颚挤压房壁，通过触角感知房壁的弹力来判断房壁的厚度。工蜂还可以通过回收旧蜡进一步减少蜂群对蜂蜡的生产。当蜜蜂出房后，它自己或者附近的哺育蜂会小心地咬掉巢房的封盖，将其堆放在巢房的边缘，便于再次利用。与此相似，工蜂利用从相邻的工蜂巢房上削下的蜡屑建造蜂王巢房。当蜂王出房后，工蜂会立刻毁掉蜂王巢房，得到的蜂蜡留作他用。

（3）蜜蜂采集行为（图 3–15）

图 3–15　蜜蜂采集行为（李建科　摄）

蜂群需要花蜜、花粉、水和蜂胶来维持生活。花蜜和花粉是蜜蜂的食物，它们分别是蜜蜂所需糖类和蛋白质的主要来源。蜜蜂采集水的主要目的：一是在炎热的夏天通过使水分蒸发来降低巢内温度，二是用来稀释储存的蜂蜜为幼虫调制食物。蜂胶的主要作用是用来修补巢房的漏洞、加固巢脾和防腐抗菌等。

蜂群采集食物是一项“巨大的工程”，每群蜂可以看作一个 1 ~ 5 千克重的生命有机体，每年要培育约 15 万只蜜蜂，消耗约 20 千克花粉和 60 千克蜂蜜。为了将花朵中所蕴含花蜜和花粉一滴一点地采集回来，一群蜂必须进行数百万次采集飞行，飞行总里程超过 2×10^7 千米。

一般每只蜜蜂每次采集花粉约 15 毫克，要采集到 20 千克花粉需要飞行大约 130 万次。若每次飞行 4. 5 千米，飞行所需消耗能量为 6. 5 焦 / 千米，采集 20 千克花粉将消耗约 3.8×10^7 焦的能量。花粉能量值为 14. 3 焦 / 克，20 千克花粉含能量约为 2.9×10^8 焦。由此可见，蜜蜂采集花粉所得到能量的回报率约为10 ∶ 1。

一般每只蜜蜂每次采集花蜜约40毫克，假定花蜜是平均浓度为40%的糖溶液，而酿成的蜂蜜为80%的糖溶液，如果蜂群要采集到60千克蜂蜜，就需要飞行大约300万次。若每次飞行4.5千米，飞行所需消耗能量为6.5焦/千米，采集60千克的蜂蜜就要消耗约8.8×10^7焦的能量。若蜂蜜能量值是14.3焦/克，60千克蜂蜜含能量将约为8.6×10^5焦。由此可见，蜜蜂采集花蜜所得到能量的回报率约为10 ∶ 1。研究发现：有58%蜜蜂只采集花蜜，25%的蜜蜂只采集花粉，有16% ~ 17%的蜜蜂既采集花蜜又采集花粉。

1）采集蜂的信息策略　蜜蜂的采集行为是一种社会性的行为，一个蜂群中约1万只工蜂参加采集工作，它们分工合作，寻找和采集所需要的物质。当一只“侦察蜂”发现了一个非常丰富的蜜源后，立即会去招引其他的同伴，把它的“重大发现”告诉给同伴，这种行为从表面上看，减少了“侦察蜂”所得的食物比例，但却增加了蜂群整体拥有的食物数量，“侦察蜂”的这种行为是蜂群中蜜蜂牺牲个体利益而提高群体效率的一个例证。

采集蜂对蜜源优劣的评价与选择：当一只采集蜂发现它所采集蜜源的利用价值低于它的同伴所采集蜜源时，它就会放弃对该蜜源的采集；相反，当它发现所采集蜜源的利用价值高于它的同伴所采集的蜜源时，它就会召集同伴来采集这一蜜源。

采集工蜂是怎样来比较它所采集蜜源和同伴所采集蜜源的优劣呢？采集工蜂不会直接通过去采集同伴所采集的蜜源，然后与它自己所采的蜜源作比较，原因是主要蜜源之间往往相隔有1 000米，甚至更远。对采集蜂来说，蜜源优劣至少可以通过花朵泌蜜量、花蜜浓度和采集飞行所需时间等参数来评估。从理论上看，某种蜜源若同时具有泌蜜多、花蜜浓度高和采集飞行所需时间短，则是最佳蜜源。

在以上 3 个参数中，由于蜜蜂飞行速度基本一致，采集飞行所需时间则直接表明了蜜源的远近。花朵泌蜜量与采集时间紧密相关，花朵泌蜜量大，则采集花蜜所需时间就少。因此可以用时间来统一表示花朵泌蜜量和采集飞行两个参数。采集蜂可能通过时间参数长短来评价蜜源相对优劣。在蜜蜂决定召集同伴去某片蜜源之前，它会考虑每次飞行采集所需要的时间。例如用两个饲喂器来训练采集蜂，这两个饲喂器都盛有 1.5 摩 / 升的糖溶液，但其中一个距蜂巢 100 米，采集所需时间为 8 秒；另一个距蜂巢 525 米，采集所需时间为 190 秒。发现有 59%的采集蜂都到了较近的那个饲喂器，而到较远饲喂器的采集蜂只有 34%，所有的这些采集蜂都同时发出了采集信息。到目前为止，我们很难弄清蜜蜂是怎样知道每次飞行采集的时间，并用它评价蜜源的相对优劣。

对花蜜浓度这个参数评价，采集蜂和内勤蜂之间有一套信息交流与反馈机制。当采集蜂采集花蜜回来，将花蜜传递给在巢内专门从事接收和储存花蜜的内勤蜂，这些内勤蜂“知道”花蜜浓度的变化范围，它们根据花蜜的糖浓度将其做某种排列，并做出相应的行为反应。如携有较高浓度花蜜的采集蜂能够吸引较多的内勤蜂，从而它卸蜜的速度也较快；而对那些携有相对较低浓度花蜜的采集蜂而言，内勤蜂对它不感兴趣，它不得不费力地去寻找愿意接受它所采到的“次等花蜜”的内勤蜂帮它卸蜜。很显然，采集蜂能识别出关于花蜜浓度的信息。这一机制保证蜂群在蜜源丰富的条件下，将主要采集力集中在质量最好的蜜源上，同时在外界蜜源较缺乏的条件下也不会忽略掉质量较次的蜜源。研究表明：蜜源的糖浓度在0.125摩/升的细微差别时，也会导致采集率显著差异。

除以上这3个参数之外，采集蜂在估计蜜源优劣的时候，也会考虑到风险因素。比如雷阵雨即将来临之际，采集蜂则会完全放弃对6 000米外优质蜜源的采集工作，而转向采集100米外相对较差的蜜源。

2）采集蜂数量分配　采集蜂包括“侦察蜂”和“被召集蜂”两种。“侦察蜂”是指寻找新的蜜源的工蜂。“被召集蜂”是指在获得“侦察蜂”新的蜜源后，专门从事采集活动的工蜂。为了达到最佳的采集效率，“侦察蜂”和“被召集蜂”必须合理配置。据研究表明：在普通蜂群中，有13%～23%的采集蜂是“侦察蜂”。但在外界蜜源缺乏的季节，“侦察蜂”比例会增加到35%。而当外界蜜源丰富时，“侦察蜂”比例会跌至5%。在一般情况下，如果花蜜量减少，传递蜜源的信息也在减少，那么，蜂群会自动增加侦察力度。反过来，这样又会增大蜂群利用辅助蜜源的可能性，很多的观察结果都支持了这一假设。

在采集花粉和花蜜之间，采集蜂是如何分配数量比例的？目前研究结果表明：采集花粉和花蜜的劳动力分配似乎与蜂群需要有关。当蜂群巢门口放置一个脱粉器时，采集花粉的工蜂数量增加了15%～80%，而未放置脱粉器的对照组，采集花粉的工蜂数量减少了10%；当把蜂群中幼虫数量增加1倍后，工蜂采集花粉的数量增加了1倍多，而没有幼虫的蜂群却减少了约1/5的花粉采集蜂。Free推测：蜂群中哺育蜂以准备空巢房储存花粉的方式向采集蜂发出花粉紧缺的信号，而采集花粉的工蜂会以寻找储存花粉空巢房的难易程度来决定蜂群需要花粉的程度，如果采集蜂很容易就能找到储存花粉的空巢房，它们就会继续去采集花粉，甚至通过舞蹈召集同伴去采集花粉。

3）采集蜂的信息决策　一旦一只采集蜂在召集行为或其他社会化行为的指引下成功地找到了一大片蜜源，如果在这片蜜源里有好几种蜜源植物同时开花流蜜，采集蜂必须决定采哪种蜜源。其实“被召集蜂”只会去寻找与“侦察蜂”所传递花香一致的植物花朵。比如当“被召集蜂”接受了“侦察蜂”所传递有天竺葵气味的信息后，即使同一地方有天竺葵和茴香两种花气味的蜜水饲喂器时，结果是“被召集蜂”选择天竺葵气味的蜜水准确率高达99%。

采集蜂对花朵香味的区分能力远高于它对花朵的颜色和形状的辨别能力。当采集蜂在第一次利用花朵香味采集成功后，90%的采集蜂会准确地去采集同一种香味的花朵，而再次采集的成功会使它们采集的准确率提高到100%。而蜜蜂靠颜色和形状对花朵的识别就要慢好几倍，要达到80%的准确率，需要成功采集5 ~ 20朵花。

为了提高采集效率，采集蜂会集中在某种单一植物上采集。对采集蜂的花粉团进行分析后发现：采集蜂所采集花粉的单一率会达到95% ~ 99%，这种“专门化”的趋势是如此强烈，以至于在试验中用几种香味的花朵来吸引蜜蜂时，采集蜂会迅速地去采集某一种花，而忽略其他种的花。在自然条件下，这种“专门化”使蜜蜂在花朵上的采集动作更加熟练，它们学会了怎样识别未被采集的花朵，应该落在花朵的什么部位，怎样快速伸出吻去吮吸花蜜或用花粉耙去收集花粉，从而提高采集效率。

4）蜜蜂采集花蜜和酿制蜂蜜的行为　工蜂在出巢采集之前，会先在储存区取食约 2 毫克的蜂蜜作为采集飞行的能量储备，这可以维持它飞行 4 ～ 5 千米。采集蜂出巢后先根据“侦察蜂”提供的方向信息进行飞行，到达蜜源后，主要依靠嗅觉和视觉来寻找花朵。当采集蜂采完一朵花上的花蜜后，它会在花朵上留下标记性气味，以避免自己和其他蜂重复采集，从而提高采集效率。工蜂在每一次采集过程中所需要的时间与蜜源的集中程度、蜜源与蜂群的距离以及花朵的泌蜜量等因素有关。

采集蜂采集回巢后，将蜜囊中的花蜜传递给内勤蜂，当这个传递过程很快完成后，采集蜂就会兴奋地舞蹈，吸引更多的蜜蜂参与采集。而当接应的内勤蜂数量较少、传递过程缓慢时，采集蜂的舞蹈也将缓慢下来，甚至停止。

花蜜中所含有的糖分绝大部分为蔗糖，在被蜜蜂酿制成蜂蜜的过程中将发生两个方面的变化：一是蔗糖转化为葡萄糖和果糖的化学变化，二是花蜜被浓缩至含水量在 20% 以下的物理变化。工蜂将花蜜吸进蜜囊的同时，也混入了含有转化酶的唾液，里面的蔗糖开始转化为单糖。

当内勤蜂接受花蜜后，便找个不太拥挤的巢房，头部向上，张开上颚，整个喙进行伸缩，喙末端的弯褶部分稍稍展开，反复开合，所吐出的蜜珠从逐渐加大到其形状消失，完成上述一系列的活动需要 5 ～ 10 秒，这个过程反复进行，其间每次只有 20 分的短暂休息。另一方面，蜜蜂加强扇风，使花蜜中的水分加快蒸发，促进花蜜快速浓缩，然后开始寻找巢房，储存这些未成熟的加工蜜，如果巢房是空的，它便爬进巢房，直至上颚触及巢房底部的上角为止，将蜜汁吐出，此时，蜜汁的含糖量约达 60%。然后蜜蜂转动头部，用口器当刷子，把蜜汁涂布到整个巢房壁上，以扩大蒸发面积。当巢内进蜜速度快、蜜汁稀薄时，内勤蜂一边不停地进行酿蜜工作，一边加速进行储存，把蜜汁分成小滴，分别挂在好几个巢房的顶上，这样可以增加表面面积，加快蒸发。有时蜜珠也会暂寄在卵房或小幼虫房中，以后再收集起来，反复进行酿制。内勤蜂在酿蜜的过程中也会加入自身分泌的转化酶，使花蜜不断地进行转化，直至蜂蜜完全成熟为止。蜂蜜成熟后，被逐渐转移集中到产卵圈上部的脾或边脾上，然后用蜡封盖保存。蜂蜜成熟所需的时间，依花蜜的浓度、蜂群群势及气候而异，一般历时 5 ~ 7 天。

案例

蜜蜂采集花蜜是一项辛勤的劳动

蜜蜂采集花蜜是一项辛勤的劳动，在主要流蜜期，1 只蜜蜂每天能出巢采蜜 7 ~ 11 次，每次能携带花蜜 20 ~ 40 毫克。酿造 1 千克蜂蜜，以采集向日葵花蜜为例，蜜蜂需访问向日葵小花达 3 500 万朵，飞行 10 万余次，如蜜源距蜂场 1.5 千米，则蜜蜂要往复飞行 30 万千米，这个距离相当于环绕地球 7 周。

5）采集和储存花粉的行为　花粉是植物的雄蕊花药中产生的雄性生殖细胞，是蜂群所需要的蛋白质来源。蜜蜂在采集花蜜的同时也采花粉，有时只单一采花蜜或花粉。同一只蜜蜂在采粉过程中，常采集同一种植物的花粉，不同的蜜蜂会采集不同的花粉。蜜蜂采粉多在上午 6 ~ 10 点，这时花开最盛，花粉最多，湿润易采。通常蜜蜂在晨露未消之前采禾本科植物的花粉，在早晨采葫芦科植物的花粉，多在上午和中午采十字花科植物的花粉。

幼虫和幼蜂都需要食用花粉，因此当蜂群中有大量幼虫时，蜜蜂对花粉的需求增大，会有更多的青壮年工蜂参与采粉。蜜蜂在采集花粉的过程中，足、口器和全身绒毛全部参与采集活动。在采粉时，蜜蜂用喙湿润、舔沾花粉，并用足在雄蕊上采集花粉；或者是先在花朵上扭摆身体，使成熟的花粉粒从花药中散落出来，黏附在蜜蜂的绒毛上。蜜蜂在飞离花朵时，它在空中用足把花粉集中起来，安放在后腿上外节的跗节上。工蜂的跗节宽大，并且边缘有浓密的刚毛，形成一个筐状的构造，称为花粉筐。经多次采集，花粉筐中的花粉团越来越大。

采集蜂携带花粉团回巢后，在巢脾上子圈外侧寻找未装满花粉的巢房或空巢房，将腹部和后足伸到里面，用后足基跗节把花粉团铲落到巢房中，然后花粉团由内勤蜂咬碎夯实，并涂蜜湿润，当巢房中的花粉储存至七成满时，蜜蜂便会在上面涂上一层成熟蜂蜜来保存。

蜜蜂采集花粉，每次访问花朵的数目、历时、采粉量和日采粉次数，主要与花的种类、外界温湿度、风速、巢内育虫数量以及巢内花粉储备量有关。一只西方蜜蜂每次采粉量 12 ~ 29 毫克；而东方蜜蜂每次采粉量平均为 12 毫克。一般而言，蜜蜂每天采粉在 10 次左右。风速达 17.6 千米 / 时时采粉蜂减少，风速达 33.6 千米 / 时时蜜蜂停止采粉。

6）采集水分的行为　水对蜜蜂蜂群来说，不但用来满足其生理需要，也用来调剂蜂巢内温湿度。大流蜜期采回的花蜜中含有的水分一般能满足蜂群对水的需求，而在缺蜜期和高温干燥季节，蜂群对水的需求就会显著增加，这时工蜂就通过采水来满足需要。

1只采集蜂每天采水的总次数可以达到50次以上，每次采水量约25毫克。在干热的条件下，蜜蜂将采来的水像雾点般分置在巢房内各处，并通过扇风来加快水分的蒸发，从而降低温度，并调节湿度，当气温超过38℃时，蜜蜂降低巢温所花的时间，比采集花蜜所用的时间更多。这时蜂巢内的温度，可以在水分蒸发的过程中下降8～9℃，如果没有水，24小时内蜂群就会死亡。

7）采集蜂胶的行为　蜜蜂能从植物的幼芽或松、柏科植物的破伤部分采集树胶或树脂加工成蜂胶。采胶是西方蜜蜂特有的行为，东方蜜蜂不采胶。采胶时，工蜂用上颚咬下一小块树胶或树脂，在前足的帮助下，用上颚把胶揉成团，同时混入自身分泌物，然后通过中足把胶团放入后足的花粉筐中。当两只花粉筐中都装满胶团的蜜蜂飞回蜂巢后，内勤蜂会帮助它卸下胶团，然后放在蜂巢中适合的位置。蜜蜂在使用蜂胶时，会根据不同需要而混入不同比例的蜂蜡，从而使蜂胶具有不同的硬度。蜂胶是一种黏性很强的物质，蜜蜂用它涂刷箱壁，黏固巢框，增强巢脾硬度，阻塞洞孔，填充裂缝、封缩巢门，或掩盖无法拖弃的小动物尸体，以防腐臭。

（4）蜂群中信息通信　作为一种社会性昆虫，蜜蜂能很好地结合形成一个有机整体——蜂群，蜂群的功能比单个蜜蜂的功能要强得多。但在蜂群中，蜜蜂个体之间必须进行信息交流，以便知道群内外的相关信息。

1）蜂群中舞蹈信息通信　至今还没有其他任何一种动物的有关信息交流与定向行为机制比蜜蜂更清楚，最早对蜜蜂信息交流是从研究蜜蜂“舞蹈语言”开始，研究者在观察蜜蜂采集行为时发现，当采集侦察工蜂发现食物后，能“告诉”同一群其他蜜蜂来到食物地采集。

蜜蜂"舞蹈语言"的相关研究

Karl Von Frish和他的学生在蜜蜂"舞蹈语言"方面，做了长期而细致深入的研究工作，也正是因为研究蜜蜂"舞蹈语言"的贡献，Karl Von Frish于1973年荣获了举世瞩目的诺贝尔生理学奖。

Maeterlinck做了一个实验，他让工蜂在1个装有糖水的平碟中采集糖水，然后标记采集糖水的工蜂，等标记工蜂返回蜂巢后再次出巢时，抓住标记工蜂，不让标记工蜂去采集。但他发现同一群其他工蜂很快飞到装有糖水的平碟中进行采集活动，显然标记采集工蜂回到自己的蜂巢后，一定告诉了同群工蜂相关食物的信息。

利用Maeterlinck实验相似技术和方法，Karl Von Frish用透明观察箱进一步仔细观察了标记采集工蜂行为变化，他发现：回巢后，标记采集工蜂在巢脾上有规律地运动，有点像人类的舞蹈，蜂群内其他工蜂会跟随标记采集工蜂做运动，并用触角接触标记采集工蜂的腹部，标记工蜂会给跟随舞蹈的工蜂一些刚采集回来的食物。从这个实验可知，跟随舞蹈的工蜂知道食物的味道。因此，当时人们认为是蜜蜂的嗅觉传递了食物的信息。

显然这种解释是难以让人信服的，因为他们发现采集工蜂能飞行几千米去采集，在这过程中，不同距离可能有相似气味的食物，但工蜂仍然准确地知道食物位置。因此Karl Von Frish设计了另外一个实验，即在不同距离和不同方向放置装有不同气味的糖水平碟，他发现当在同一地方调换不同气味的食物时，工蜂照样来采集，这显然说明蜜蜂的嗅觉不能说明食物信息的准确性和唯一性。

通过连续多年观察和研究，Karl Von Frish 发现了蜜蜂以舞蹈来表达食物的数量、方向和距离，同时还发现蜜蜂具有色觉和学习能力，能感知太阳在空中的位置，天空偏振光以及地球重力等。

目前已发现了许多种的蜜蜂舞蹈，比如圆舞、镰刀舞、摆尾舞和“呼呼”舞等。

a. 圆舞　圆舞（图 3-16）是最初级和最简单的蜜蜂舞蹈，它不能精确表明食物的距离和方向，只是简单通知工蜂食物在离蜂巢很近的地方，一般不超过 50 米。侦察工蜂回来后，首先把采来的食物分给巢内工蜂，然后开始跳圆舞，同时用触角与周围工蜂接触。由于巢脾上蜂多拥挤，它们会在较窄的范围内，以快而短的步伐做圆周跑步，并且经常改变方向，一会儿冲向左边，一会儿冲向右边，在原处画圆，这就是圆舞。跳圆舞的工蜂可能在某一位置表演几秒到 1 分不等，然后可能爬到巢脾的另一地方吐出采来的花蜜，分给周围的工蜂，并且又重复以上动作。跳圆舞工蜂周围的其他工蜂，也会急促地跟在后面左右摆动，并且用触角与跳圆舞工蜂的尾部保持联系，当跳圆舞的蜜蜂突然出巢去采集时，后面的跟随者也有一部分出巢去采集。

图 3-16 圆舞（引自 M. L. Winston）

Karl Von Frish 实验表明：在观察的 174 只跟随跳圆舞工蜂中，有 155 只工蜂能 5 分内快速找到食物地点。

圆舞不表明食物的距离和方向，因此工蜂要快速地在蜂巢附近找到食物，显然工蜂必须围绕蜂巢四处飞翔，同时用跟随跳圆舞得到的食物气味来确定食物的具体位置。

最好的食物回报效益在圆舞中得到了表达，因为高浓度食物会引起工蜂更兴奋和更长时间跳圆舞。不同食物浓度，工蜂跳圆舞兴奋度不一样，比如当糖水浓度为 0. 5 摩尔时，在 30 分内，工蜂跳圆舞，只有 10 只工蜂参加采集；当糖水浓度为 2. 0 摩尔时，在 30 分内，工蜂跳圆舞，则有 30 只工蜂参加采集。

当侦察工蜂发现了花粉源后，也是跳圆舞，花粉的气味刺激其他工蜂跟随跳圆舞工蜂，很快出巢去采集花粉。

b. 镰刀舞　当食物在 10 ~ 100 米时，多数品种的蜜蜂，工蜂跳的圆舞逐渐地转变为“镰刀舞”或称为“新月舞”（图 3-17）。镰刀舞是圆舞向摆尾舞的过渡形式。蜜源距离增加时，表演舞蹈工蜂摆尾次数增多，同时镰刀舞两端逐渐向彼此靠近，直至转变为摆尾舞。喀尼阿兰蜂镰刀舞的变化与多数蜜蜂不同。

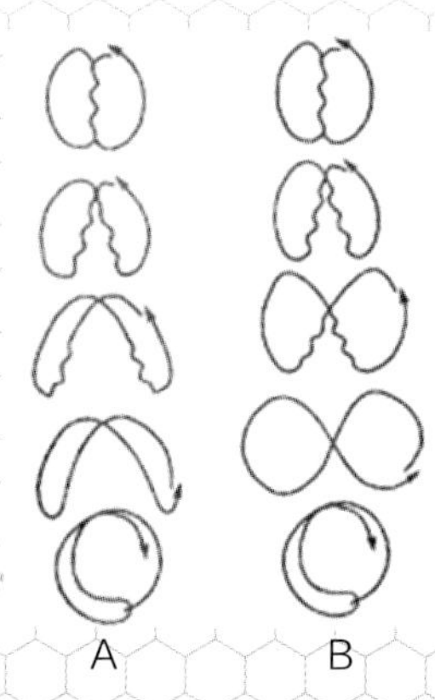

图 3-17　镰刀舞（引自 M. L. Winston）

A. 多数蜜蜂品种的镰刀舞变化类型　B. 喀尼阿兰蜂的镰刀舞变化类型

西方蜜蜂不同亚种蜜蜂使用不同“方言”

例如德国亚种的喀尼阿兰蜜蜂是当食物离蜂巢 50 ~ 100 米时，表演镰刀舞；而意大利亚种的意大利蜜蜂却是食物离蜂巢 10 ~ 20 米时，表演镰刀舞。这种“方言”是遗传的。让喀尼阿兰蜜蜂幼虫在意大利蜜蜂的蜂巢中哺育羽化，喀尼阿兰蜜蜂仍然讲“德语”，由此可能会导致蜂巢中的“语言”混乱。

c. 摆尾舞　当食物地离蜂巢 100 米以外时，工蜂跳摆尾舞（图 3-18），这种舞蹈能表明食物的距离、方向和数量。当工蜂从离蜂箱 100 米以外的食物地采集食物归来时，工蜂会在巢脾上一边做狭小的半圆运动，稍后一个急转反方向，在另一边再做另一个半圆运动，这样正好是一个圆周，然后回到起始点做同样的运动。由于蜜蜂在表演时，不停地摆动腹部，呈“∞”字，因此人们把这种舞蹈叫作摆尾舞或“∞”字舞。

图 3-18　摆尾舞（引自 M. L. Winston）

摆尾舞是用在一定时间内蜜蜂表演摆尾舞时转身的次数来表示食物离蜂箱的距离。比如西方蜜蜂，在 15 秒内，食物距离与表演摆尾舞时转身的次数存在以下关系：距离若为 100 米、500 ~ 600 米、1 000 米、6 000 米，转身的次数则分别为 9 ~ 10 圈、7 圈、4 ~ 5 圈和 2 圈。这样跟随在摆尾舞周围的蜜蜂，就可以通过计算摆尾舞的圈数来“知道”食物的距离。

关于蜜蜂是如何估计食源的距离，存在不同的理论：第一种理论认为蜜蜂是借助能量的消耗量来估计飞行距离；第二种理论认为蜜蜂是借助视觉光流来估计距离，当飞行距离远时，在视网膜上经历的运动景物的图像将更多。

食物的数量与质量则通过工蜂在跳摆尾舞时“∞”字形转圈的频率来表示，食物越丰富跳摆尾舞的工蜂转圈的频率越高，跳摆尾舞的时间也越长。

在垂直的巢脾上，垂直的重力线的方向代表太阳所在的方位，摆尾舞中轴和重力线所形成的夹角，则表明以太阳为准所发现食物的相对方向（图3-19）。实践证明，即使在阴雨天，蜜蜂仍然能利用天空中的偏振光进行导向，就像有太阳一样，能进行正常飞翔和各种采集活动。

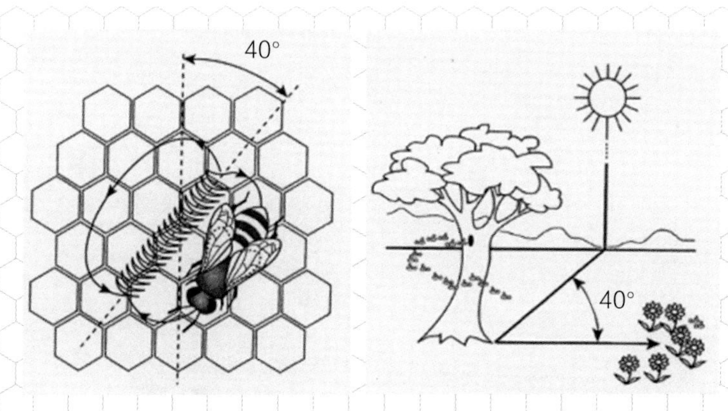

图3-19　摆尾舞方向（引自M. L. Winston）

蜜蜂食物信息来源的相关研究

尽管大多数生物学家都倾向于Karl Von Frish关于舞蹈是真正食物信息来源的观点，但关于这种“编码”是怎样被翻译成一种“飞行计划”的却一直没有定量描述。对这种观点持怀疑态度者提出，旁观的蜜蜂只是从跳舞的蜜蜂身上获得食物气味，然后凭借气味搜寻食物来源。比如Wenner和Jochnson（1967）认为蜜蜂跳舞只是在进化过程中产生的一种习惯动作，其实蜜蜂舞蹈并没有传递任何信息。被召唤的采集工蜂不是利用舞蹈信息，而是依赖带回巢内的花香和蜜源地特殊的气味，即蜜蜂仅是利用嗅觉信息找到蜜源。

为此许多科学家重复了 Karl Von Frish 的实验，并设计进行了多种其他实验。比如 Michelsen 等（1989）设计了 1 个机器蜂来研究蜜蜂的舞蹈语言。机器蜂是用黄铜制作的，表面覆盖着一薄层蜂蜡，用表面闪光的薄钢片做的翅装在它背上。翅由电线连接的电磁驱动器可使它们振动。翅振动时，在机器蜂周围产生一个与真舞蹈蜂相似的声场。固定在机器蜂背部的一根细钢丝连接着一只小电机，可使它做“∞”字形运动，同时使它左右摆动。在机器蜂头部装着一根细塑料管，由另一个电机控制的注射器可供给有香味的糖浆。先把机器蜂放入蜂巢内 12 小时，使它的蜡皮获得蜂群的气味。每次试验时，在机器蜂的蜡皮上滴一点蜜蜂不熟悉的薄荷香精，糖浆里加上微量同样的香精，在巢外不同方位放置的滤纸上也滴上香精作为诱饵。每个诱饵处都有一人记录飞临该处的蜜蜂数量。诱饵处不供给饲料，为的是当蜜蜂返巢时不进行指示采集点的舞蹈。结果表明：机器蜂在电脑的指令下，能做“∞”字形运动，翅膀振动能发出低频声波，还可吐出含花香的糖浆。蜜蜂能从机器蜂获得方向和距离的信息，同时也证明，摆动和声波发射对成功地传递信息是必要的。

澳大利亚国立大学的蜜蜂实验室和德国威茨尔堡大学的蜜蜂实验室，就蜜蜂如何估计飞行距离的问题开展了实验研究，提出了并通过行为实验证实了蜜蜂用光流来估计飞行距离的理论。这项实验研究结果发表在 *Science* 杂志上。随后澳大利亚和德国实验室的科学家与美国印第安纳州 Notre Dame 大学的科学家进行合作，通过实验证实了从实验通道中（Tunnel）约 10 米远处，从糖水饲喂器上，采集糖水回归的蜜蜂，在蜂巢中跳起摆尾舞，巢内其他的工蜂获得信息后（糖水是没有气味的），没有一个蜜蜂飞到通道中去搜索，而是飞向跳摆尾舞的蜜蜂指出的方向，飞到与通道中经历的相当光流的距离，即72米的观察站。这个实验有力地支持了Frisch蜜蜂舞蹈语言的理论，这项研究结果发表在*Nature*杂志上。

在此之后Riley等（2005）用一种能黏在蜜蜂背上的微型雷达跟踪系统，追踪蜜蜂的整个采蜜过程。他们发现蜜蜂确实能够读懂舞蹈中所包含的编码信息，而且在飞向目标的过程中也不会受风向变化影响。该发现打消了科学界长久以来关于蜜蜂舞蹈语言的争议。

苏松坤等（2008）以中蜂与意大利蜂组成的混合蜂群为研究对象，采用录像方式来研究混合蜂群中中蜂工蜂与意大利蜂工蜂是否能相互理解彼此的舞蹈语言。结果表明：中蜂和意大利蜂的舞蹈语言之间存在差异显著的“方言”，但中蜂采集蜂可以解码意大利蜂的舞蹈语言并且成功找到所指示的食物。

d.“呼呼”舞　工蜂表演“呼呼”舞时，明显振动全身，特别是振动腹部，并经常抓住其他工蜂或蜂王，这种舞蹈在一群蜂中每小时可表演数百次，主要用来调节采集和分蜂活动。

表演“呼呼”舞的多数是携带花粉的工蜂和表演摆尾舞的工蜂，工蜂表演“呼呼”舞的积极性以及工蜂采集的积极性都有相似季节性。

采集工蜂表演“呼呼”舞常常与表演摆尾舞工蜂在巢脾上的同一个区域，并且表演“呼呼”舞的高峰常常与工蜂采集高峰一致。

特别有趣的是，“呼呼”舞与蜂群分蜂相关。当蜂群开始建造王台时，蜂王一般不表演“呼呼”舞；当蜂王开始在王台中产卵时，蜂王每小时表演“呼呼”舞数十次；随着王台封盖时间增加，蜂王每小时表演“呼呼”舞次数由 100 次逐渐增加到近 300 次；当处女王出房后至蜂群准备分蜂时，蜂王每小时表演“呼呼”舞次数由近 300 次逐渐减少到 100 多次；当蜂群分蜂后，蜂王每小时表演“呼呼”舞次数由 100 多次逐渐减少到约 20 次。

延伸阅读

蜜蜂声音信息的相关研究

1927 年 Karl Von Frish 指出，摆尾舞与圆舞的最大不同之处是，前者在直线移动时尾部摆动很快，同时发出声音。人们早就熟悉蜜蜂振翅能发出声音，但蜜蜂能否听到通过空气传播的声音却是长久以来探讨的问题。Karl Von Frish 和他的学生对蜜蜂是否具有听觉做了大量的工作，但结果失败了。20 世纪中叶，瑞典科学家 Hansson 发现蜜蜂足跗节具有感受从基质上传来的振动的器官。Towne 和 Kirchner（1989）通过饲喂试验证明了蜜蜂具有听觉器官。Kirchner 等（1991）进一步试验发现：蜜蜂的听觉器官是位于触角上梗节外侧的节间膜内，是一个呈环状排列的橛状感器，也称之为“Johnston”器，能感受空气传播的频率低于 500 赫兹的声音。

蜜蜂在进行摆尾舞时产生一系列脉冲声音，频率 250 ~ 300 赫兹，每次发音 20 毫秒，每秒 30 次，声音是翅产生的。追随的蜜蜂以触角接近舞蹈蜂腹部空气振动最强的地方，因此蜜蜂能感受到舞蹈时发出的强的低频声音。Kirchner 等（1991）认为舞蹈时发出的声音信号有方向信息，或许还能指示距离。蜜蜂在表演舞蹈的同时，也发出声音信号，声音持续时间的长短表明食物源距离的远近，而舞蹈者身体的走向表明蜜源的方向。

当将蜜蜂的一根或两根触角剪去时，蜜蜂舞蹈中信息的正确传递就受到了干扰，试验工蜂找到食物源的概率也大大降低，由此可见声音交流对舞蹈中信息的全面正确传递起到十分重要的作用。关于蜜蜂声音的传递与交流在群内其他方面的意义以及在群体之间有什么作用和联系，目前还不清楚。

2）蜂群中化学信息通信　从低等的细菌到高等的哺乳动物，个体之间进行信息交流大都要用信息素。对社会性昆虫来说，信息素尤为重要，因为社会性群体中个体必须及时信息交换，才能适应多变环境。人们懂得社会昆虫化学通信语言，主要从西方蜜蜂研究中得到的结果。

信息素

信息素“Pheromone”这个词是由希腊字“Pherein”和“hormon”组成的，意思是传递刺激。信息素是动物外分泌腺体分泌到体外的化学物质，借助于个体间相互接触或空气传播，能引起同种或相近种的不同个体行为反应或生理变化的化学物质。信息素又称为外激素。信息素可以是单一化学物质，也可以是由多种化合物组成的混合物。有些信息素可被其他物种识别和利用，称为利他信息素（Kairomone），例如大蜂螨就是利用蜜蜂幼虫分泌的信息素在幼虫被封盖前进入幼虫房内进行繁殖。

信息素可分为释放信息素（releaser pheromone）和引发信息素（primer pheromone）两大类，释放信息素是通过神经系统，产生快速瞬时的行为反应；引发信息素是通过生理系统，产生缓慢而持久的行为反应。目前人们对蜜蜂释放信息素研究较多，而在蜜蜂引发信息素方面的知识非常有限。

蜜蜂长期生活在黑暗的蜂巢中，除依靠接触、声音、舞蹈动作进行通信联系外，很多信息是通过信息素来传递的。在人类社会里，人们用由不同单词组成的语言实现了交流。而在蜜蜂社会中，信息素中不同化合物就像人类使用的“单词词汇”，然后由这些不同化合物组成了蜜蜂社会中形式多样的“化学语言”。虽然目前人类对这种“化学语言”机理不是十分清楚，但可以肯定的是，随着蜜蜂“化学语言”的深入研究，展示在人们面前的将是一种全新景象。

常见的蜜蜂信息素有蜂王信息素、工蜂信息素、雄蜂信息素和蜜蜂子脾信息素。

a. 蜂王信息素　在有王群内，蜂王并不直接指挥工蜂去饲喂幼虫或进行采集工作，但蜂群内工蜂能很好地分工协作，并保持巢内外活动秩序井然。一旦蜂群内突然失去了蜂王，工蜂采集活动就急剧下降，许多工蜂会在蜂巢内外乱爬，显得急躁不安，这表明蜂王能通过信息素控制蜂群内工蜂行为。

蜂王信息素包括蜂王上颚腺信息素、蜂王背板腺信息素、蜂王跗节腺信息素、蜂王科氏腺信息素和蜂王直肠信息素等。

蜂王上颚腺信息素

1954年Butler提出，工蜂能从蜂王体表舔取获得一种所谓的“蜂王物质”，并且能通过工蜂间互相饲喂行为把“蜂王物质”传至全群蜜蜂中，从而控制工蜂相关行为。1957年Butler用溶剂从蜂王头部成功地提取到有活性的“蜂王物质”。1958年Butler和Simpson证明蜂王物质是蜂王上颚腺分泌的。1960年经英国国家医学研究所鉴定，“蜂王物质”一个主要活性成分是反式-9-氧代-2-癸烯酸。“蜂王物质”是第二个人工分离并鉴定的昆虫信息素。1964年又从蜂王上颚腺鉴定出另一个主要成分为反式-9-羟基-2-癸烯酸。这两种癸烯酸的混合物具有抑制工蜂培育蜂王和使无王的工蜂聚集起来的作用，但提取或合成“蜂王物质”的作用没有活蜂王强。随后加拿大和美国的科学家又从蜂王上颚腺分离、鉴定出两种芳香化合物，它们是甲基-对-羟基苯甲酸酯和4-羟基-3-甲氧苯基乙醇，并发现反式-9-羟基-2-癸烯酸还有一个同分异构体，顺式-9-羟基-2-癸烯酸。

蜂王上颚腺信息素具有下列特点：抑制工蜂培育新蜂王；对工蜂有高度的吸引力，10毫克/升就能吸引工蜂在蜂王周围形成侍从圈；刺激新分蜂群采集花粉、培育幼虫；推迟工蜂从事采集的日龄；与幼虫产生的引发信息素协同作用来抑制工蜂卵巢的发育；同时也是性引诱剂，处女蜂王婚飞时向空气中释放上颚腺信息素，诱使雄蜂追踪和发情。

研究表明：蜂群中工蜂辨认蜂王是本群的，还是外群的，不是依赖蜂王上颚腺信息素，很可能与蜂王腹部腺体产生的挥发性化合物有关。

匡邦郁、匡海鸥等研究显示：人工合成的“蜂王物质”，对东方蜜蜂的群味、聚集、消除失王情绪、抑制工蜂产卵以及急造王台等效果均十分明显。

蜂王背板腺信息素

背板腺位于蜂王腹部第 4 ~ 6 节背板内，年轻蜂王的背板腺发育很好，工蜂没有背板腺。背板腺信息素的主要机能是使工蜂能够识别它的信号，对幼龄工蜂具有很强的吸引力，同时它也具有抑制工蜂筑造王台和抑制工蜂卵巢发育的作用。将蜂王的上颚腺摘除，但蜂王仍能被它的蜂群接受，工蜂仍能表现出典型的侍从行为。蜂王背板腺信息素与上颚腺信息素同样具有多种机能，这两组信息素具有协同作用。背板腺信息素主要化学成分为癸基酸酯和较长链的癸酸酯。

背板腺信息素与上颚腺信息素互相协同吸引雄蜂，刺激雄蜂发情。上颚腺信息素能从 50 米以外吸引雄蜂，背板腺信息素则是在蜂王距离雄蜂 30 厘米以内对雄蜂有很强的吸引力，而且它还能诱发雄蜂的交配活动。

蜂王跗节腺信息素

蜂王和工蜂跗节的恩哈氏（Arnhart）腺也分泌信息素，又称脚印信息素。它们各自的化学成分尚未清楚。

蜂王跗节腺的油脂分泌物，在它爬行时由足垫涂在巢脾表面。试验表明，把跗节信息素与蜂王上颚腺信息素共同涂在巢脾的底边，可以抑制过于拥挤的强群筑造王台。抑制王台的筑造需要这两者腺体的分泌物，单独一种都无效。在过于拥挤的蜂巢内，蜂王不可能沿着每个巢脾的边缘释放这两种腺体的分泌物，结果导致蜂群筑造王台，培育新蜂王和进行自然分蜂。

年轻蜂王的跗节腺信息素分泌量比老蜂王多，同时蜂王分泌的跗节腺信息素比工蜂分泌的工蜂跗节腺信息素多10倍以上。

蜂王科氏腺信息素

科氏腺是在位于蜂王螫针腔内的一小群细胞，1899年Koschevnikov首次描述并定名的。蜂王的科氏腺比工蜂的发达，但是它们的机能各自不同。

受孕蜂王科氏腺产生的信息素对工蜂具有高度吸引力。蜂王伸出螫针时，科氏腺分泌物流到螫针的多刺膜上。1年后的产卵蜂王，科氏腺很快萎缩。目前蜂王科氏腺分泌物的化学成分还不清楚。

蜂王直肠信息素

当蜂王在蜂巢内遇到其他蜜蜂攻击，它会由直肠产生一种具有驱避作用的信息素随粪便排出。工蜂遇到这种排泄物时就避开，并表现清理自身的动作，不再出现攻击行为。这种具驱避作用的信息素为邻－氨基苯乙酮，具有葡萄的味道。1 日龄以下新羽化蜂王，14 日龄以上蜂王，以及工蜂和雄蜂的粪便中都没有这种化合物。

蜂王排泄物中还含有多种酯类、碳氢化合物、醇类和酸类等其他多种化合物，而且邻－氨基苯乙酮只占被检测挥发性物质中的 0.5%，所以人们推测直肠分泌物还可能具有其他信息机能。

蜂王信息素已在一些发达国家的养蜂和植物授粉上得到商业应用。实践证明，养蜂业中应用的“蜜蜂促进剂”可以提高蜂王交尾成功率和存活率，并且可以在蜜蜂长途运输中代替蜂王。在果实授粉中应用的“果实促进剂”，能显著增加果实的大小和产量，提高种植业的经济效益。

b. 工蜂信息素　工蜂信息素包括工蜂上颚腺信息素、工蜂纳氏腺信息素、工蜂科氏腺信息素、工蜂跗节腺信息素和采集工蜂信息素等。

工蜂上颚腺信息素

哺育蜂上颚腺分泌物中含有反－10－羟基－2－癸烯酸（10-HDA）和一些简单脂肪酸（如乙二酸、辛酸、安息香酸）等。刚羽化的工蜂上颚腺中 10-HDA 只有极少量，采集工蜂上颚腺中最高，每只蜂达60 微克。这表明 10-HDA 可能与采集活动相关。

工蜂在成为守卫蜂或开始从事采集活动时，它的上颚腺就产生一种类似干乳酪气味的化合物，2- 庚酮。它的产生不是取决于工蜂的日龄，而是工蜂生理状态。从来没有从事采集的工蜂，即使它已有 21 日龄，其上颚腺所产的 2- 庚酮含量仍然很低。采集蜂上颚腺分泌的 2- 庚酮可达到 40 微克。

2- 庚酮是一种弱的报警信息素，它发出一个有危险的信号，接收到这种信息素的本群工蜂往往也分泌这种信息素，使它的浓度迅速增加，吸引来更多的富于攻击性工蜂。守卫蜂发现外来工蜂（盗蜂）侵入蜂巢，或有外来蜂王进入巢内时，常用上颚咬住入侵者，使 2-庚酮标记在“敌体”上，引导其他蜜蜂去攻击；同时它也是一种局部刺激剂，使入侵者受到警告而逃避。作为报警信息素来说，它的活性比螫针腔分泌的报警信息素——乙酸异戊酯的活性低 20 ~ 70 倍。

采集蜂很可能是用 2- 庚酮来标记已采集完花蜜和花粉的花朵，以提高工蜂采集效率。实验证明，高浓度的 2- 庚酮对蜜蜂有驱避作用。用 1%浓度的 2- 庚酮涂在手上，检查蜂群就不会引起麻烦。这种情况表明，蜜蜂对信息素的反应取决于它的浓度，在正常浓度下它们产生一种特定的反应行为。如果浓度过高，它们就会受到惊吓。另外，2-庚酮还有刺激蜜蜂储存食料的作用。

工蜂纳氏腺信息素

工蜂纳氏腺是1883年Nassanoff首次发现的，位于工蜂第7腹节背板内，又称为臭腺，因此工蜂纳氏腺信息素也称为蜂臭。纳氏腺信息素含有一些含氧萜类的芳香化合物，对工蜂具有很强的吸引力。幼龄工蜂纳氏腺分泌的牻牛儿醇极少，采集蜂达到最高。另外，工蜂纳氏腺分泌的信息素还含有橙花醇和金合欢醇，这两种醇含量很少，单独对工蜂没有特别的吸引力，但它可加强合成的纳氏腺信息素的引诱力。

工蜂纳氏腺信息素传播靠工蜂翅膀扇风而散发气味，从而引起在蜂群内的工蜂间的快速扩散。工蜂纳氏腺信息素作用，一是招引处女王和工蜂回巢；二是在分蜂或飞逃时，招引本群的工蜂结团；三是招引其他工蜂前来采集。

工蜂科氏腺信息素

当工蜂在刺螫时，从科氏腺（螫针腺）分泌一种告警信息素标记在“敌体”上，当作其他蜜蜂攻击的靶子。工蜂科氏腺信息素又称为工蜂报警激素。

从工蜂科氏腺鉴定出的第一种化合物是乙酸异戊酯，它有类似香蕉的气味。一般说来刚出房的工蜂螫针内没有乙酸异戊酯，达15～20日龄时，含有1～3微克/只。

工蜂科氏腺信息素功能无疑是在外来的侵袭者袭击时，工蜂用螫针刺向来犯者，并把螫针留在侵袭者体内。螫针内释放的报警激素在空气中很快传播，从而标明了侵袭者的方位，使其他工蜂一起来攻击来犯者。

工蜂跗节腺信息素

工蜂将跗节腺信息素涂在巢门口，引导本群工蜂便于找到巢门。工蜂似乎也将它标记在采集地点，来加强对其他采集蜂的吸引力。另外跗节腺信息素能诱使迷路的工蜂释放纳氏腺信息素。这两种信息素结合起来能帮助在蜂巢附近迷路的工蜂找到巢门。

采集工蜂信息素

采集工蜂信息素能通过分泌乙基油酸酯来抑制幼龄工蜂发育，使幼龄工蜂推迟发育成为采集工蜂。采集工蜂是通过饲喂行为把释放乙基油酸酯传递给群内幼龄工蜂。关于采集工蜂信息素分泌的乙基油酸酯来源，Le Conte 等进行了大量研究，他们首先比较了采集工蜂与幼龄工蜂体内的乙基油酸酯含量，发现采集工蜂体内的乙基油酸酯含量明显比幼龄工蜂高，采集工蜂体内的乙基油酸酯主要集中在蜜囊中。

当用含有乙基油酸酯的糖水饲喂幼龄工蜂时，发现幼龄工蜂推迟发育成为采集工蜂。另外，研究还发现工蜂能合成乙基油酸酯，群内有幼虫时，能增加采集工蜂体内的乙基油酸酯含量。但目前仍然还不清楚采集工蜂分泌乙基油酸酯信息素的腺体。

c. 雄蜂信息素　在处女王交尾季节，雄蜂在处女王婚飞地点上空成群飞行，有人推测在雄蜂聚集区和飞行路线上，雄蜂可能用信息素做了标记。后来实验证明雄蜂头部的提取物比胸部或腹部的提取物对飞翔的雄蜂有更强的吸引力，雄蜂信息素的活性物质可能来源于头部。

用雄蜂上颚腺提取物和其他组织的提取物，分别浸在棉球诱饵上，系在距地面 8 ~ 12 米高的气球上，发现绝大部分飞翔的雄蜂被吸引到含雄蜂上颚腺提取物的棉球上，只有极少数雄蜂飞向其他诱饵。研究还发现：1 ~ 3 日龄时，雄蜂上颚腺的腺囊开始膨大；3 ~ 4 日龄时，中部的腺囊充满分泌物；7 ~ 9 日龄时，腺体开始萎缩；大约在 10 日龄时，腺体停止活动。雄蜂是在 9 ~ 12 日龄达到性成熟，所以上颚腺信息素的分泌物似乎应在雄蜂性成熟以前大量生产，分泌物储藏在腺体中部的囊内，在 7 日龄以后往外释放,这个时机与雄蜂开始定向飞翔和第一次婚飞的日龄(7 ~ 9 日龄) 相吻合。

d. 蜜蜂子脾信息素　蜜蜂子脾信息素又可分为蜜蜂卵信息素、蜜蜂幼虫信息素和蜜蜂蛹信息素。

蜜蜂卵信息素：由于工蜂辨认与监督研究深入，蜜蜂卵信息素研究取得了可喜的进展。在有王群中，蜂王产的卵带有一些特殊酯类化学信息素（又称为卵标记信息素），而工蜂产的卵缺少这种卵标记信息素，因此工蜂产的卵很容易被其他工蜂吃掉，工蜂吃卵监督行为迫使工蜂形成不育。在无王群中，工蜂产的卵含有类似蜂王产卵的标记信息素，因此能避开其他工蜂的监督。进一步研究表明：蜂王产的卵带有酯类化学信息素，主要来自蜂王的碱腺。

蜜蜂幼虫饥饿时可产生一种化学信号吸引工蜂去检查，工蜂会根据幼虫的类型（蜂王幼虫、工蜂幼虫和雄蜂幼虫）、幼虫的大小和幼虫巢房内食物的多少，决定是否给予食物和给予什么样的食物。哺育工蜂不必进入巢房中寻找幼虫，而是根据蜜蜂幼虫分泌的化学信号，“嗅到”幼虫的存在再进入幼虫房，从而提高了哺育效率。老熟的蜜蜂幼虫也是通过分泌化学信息素，诱使其他工蜂为其封上蜡盖，以利化蛹。有趣的是，大蜂螨也能利用这种化学信息素找到即将封盖的工蜂或雄蜂幼虫（雄蜂幼虫的这种信息素的含量更高），在封盖前潜入幼虫巢房内吸食幼虫血淋巴，繁殖后代。吸引大蜂螨的利他信息素可能是甲基棕榈酸酯、乙基棕榈酸酯和甲基亚油酸酯。

蜜蜂幼虫信息素的相关研究

蜜蜂幼虫信息素研究主要集中在西方蜜蜂上，1989 年法国 Le Conte 博士以西方蜜蜂为试验材料，首次从雄蜂幼虫中分离出蜜蜂幼虫信息素，发现西方蜜蜂幼虫信息素是由甲基棕榈酸酯、甲基油酸酯、甲基硬脂酸酯、甲基亚油酸酯、甲基亚麻酸酯、乙基棕榈酸酯、乙基油酸酯、乙基硬脂酸酯、乙基亚油酸酯和乙基亚麻酸酯组成，并发现蜜蜂幼虫信息素对大蜂螨有引诱作用，研究成果在世界著名学术刊物 *Science* 上发表后，在学术界产生了很大反响，对蜜蜂幼虫信息素深入研究起了很好的推进作用。

2008 年颜伟玉等以中华蜜蜂幼虫为实验材料，首次分离出东方蜜蜂幼虫信息素，它们同样是由甲基棕榈酸酯、甲基油酸酯、甲基硬脂酸酯、甲基亚油酸酯、甲基亚麻酸酯、乙基棕榈酸酯、乙基油酸酯、乙基硬脂酸酯、乙基亚油酸酯和乙基亚麻酸酯 10 种酯类组成，但含量存在明显差异。

1990 年 Le Conte 博士研究发现：甲基棕榈酸酯、甲基油酸酯、甲基亚油酸酯和甲基亚麻酸酯可以诱导工蜂封盖幼虫巢房行为；甲基棕榈酸酯和甲基油酸酯可以刺激工蜂出巢采集。另外，不同日龄幼虫的信息素组成有所差异，其中特别是以上 10 种脂肪酸酯。进一步研究表明：单一或组合的脂肪酸酯，对工蜂行为发育和改变有显著不同。

1995 年 Le Conte 等在每个蜂蜡王台中分别加入 0.001 毫克、0.01 毫克和 10 毫克不同的蜜蜂幼虫信息素，有 3 种脂肪酸酯会显著影响蜂王幼虫的哺育，其中甲基硬脂酸酯可以提高王台的接受率，甲基亚油酸酯可以提高单个王台中的王浆产量，另外甲基棕榈酸酯虽然不能提高王台的接受率和王浆产量，但可以提高王台中的幼虫体重，从而提高蜂王的质量。当给哺育蜂饲喂含有甲基棕榈酸酯和乙基油酸酯的饲料时，可以显著提高工蜂腺体的分泌能力，同时可以抑制无王群中的工蜂卵巢发育。乙基棕榈酸酯和甲基亚麻酸酯被证实对释放信息素产生的作用，同时能抑制工蜂卵巢发育。给刚羽化的工蜂饲喂含有幼虫信息素的糖水，结果表明：饲喂含有 10 种脂肪酸酯的幼虫信息素糖水给工蜂，在 14 日龄时，王浆腺的蛋白质含量显著高于对照组。单独饲喂含有乙基油酸酯或甲基棕榈酸酯的饲料，也可以影响工蜂王浆腺的发育。

2001 年 Le Conte 等发现幼虫信息素可以推迟采集工蜂日龄，同时发现幼虫信息素能降低工蜂血淋巴中保幼激素的含量。

2002 年 Pankiw 等测定了幼虫信息素对非洲化蜜蜂和欧洲蜜蜂的影响。用正乙烷浸泡非洲化蜜蜂和欧洲蜜蜂幼虫，从而得到幼虫信息素。用幼虫信息素处理无幼虫的非洲化蜜蜂和欧洲蜜蜂，结果表明：幼虫信息素可以显著提高采集花粉工蜂的数量。

2004 年 Pankiw 等研究了幼虫信息素对工蜂哺育行为和采集行为的影响。经过幼虫激素处理过的蜂群，哺育力和繁殖力明显高于对照组；幼虫信息素可以提高 43%；花粉采集蜂数量和每次采集花粉的重量提高 54%。

蜜蜂蛹信息素：1984 年 Koeniger 等从蜜蜂蛹中分离出蜜蜂蛹信息素，主要成分为丙三基 –1，2– 二油酸 –3– 棕榈酸酯，工蜂蛹中含有 2 ~ 5 毫克，蜂王蛹中含有 30 毫克，雄蜂蛹中含有 10 毫克，但在羽化工蜂和雄蜂中没有发现。虽然蜂王中发现了，但含量极微量。这种化合物可使工蜂聚团，刺激工蜂将巢温保持在 35℃左右。据报道，在橄榄油中也有这种物质。

工蜂行为发育与蜜蜂激素关系

蜂群中有蜂王、工蜂和雄蜂三型个体差异，加上工蜂在不同时期承担了哺育、建巢、采集等任务。这为研究化学通信语言提供了很好的模式材料。

工蜂个体行为发育与蜂群环境改变、内部需要（比如不断有工蜂羽化）和外部条件（比如大量流蜜），这些因素决定了工蜂个体行为发育具有很强的可塑性。工蜂个体行为发育可塑性是可见的，但其机制是深奥的。Huang 和 Robinson 等（1992 ~ 1996）做了大量的有关工蜂个体行为发育和保幼激素含量工作，结果显示：工蜂血淋巴中保幼激素含量与工蜂承担的工作有关，随着工蜂日龄增加，工蜂体内血淋巴中保幼激素含量增加。给幼年工蜂体内注入适量的保幼激素，可促进工蜂提前发育，提早参加采集工作。

欧阳燕等（1997）应用酶切技术研究中蜂群内采集工蜂、清洁工蜂、守卫工蜂、哺育工蜂和扇风工蜂的 DNA 多态性，发现某一行为的工蜂都是来自几个不同的亚家庭。

另外据目前研究表明：蜂王信息素、子脾信息素和采集蜂信息素都会影响工蜂个体行为发育。蜂王、蜜蜂幼虫和采集蜂都能通过释放乙基油酸酯来抑制幼龄工蜂发育。蜂王、工蜂幼虫和采集蜂分别约含有 6 300 钠克、50 钠克和 45 钠克乙基油酸酯，但每次释放的比例还不清楚。另外三者之间是否有交互作用，也有待于深入研究。

近 20 年来，人们对蜜蜂脂肪酸酯信息素与工蜂个体行为关系进行了大量细致的研究，发表了一系列有关脂肪酸酯信息素与工蜂个体行为关系的论文，取得了许多创新性研究成果。Slessor 等（2005）对这方面的研究做了很全面的概述。

（二）掌握蜜蜂发育规律，准确预测群势发展

1. 发育时间

蜜蜂属于全变态昆虫，三型蜂的个体都要经历卵、幼虫、蛹和成虫 4 个阶段，但不同蜂种和同种的三型蜂发育时间不相同，并受气候等条件的变化影响略有差异。掌握蜜蜂的发育天数，是推断群势发展、预测分蜂、适时培育雄蜂、育王、组织交尾群等的依据。因此，养蜂者应该熟记。

2. 寿命

工蜂的寿命，取决于群势、劳累的程度。强群培育的工蜂寿命长；工作不紧张时，寿命也长；反之则寿命短。通常在采蜜和繁殖季节，工蜂的寿命为 5 ~ 6 周，而秋后繁殖出来的越冬蜂，由于未参加采集和哺育幼虫工作，一般能活 3 ~ 5 个月，我国东北、西北越冬期长的地区，越冬蜂能活 6 ~ 7 个月之久。

蜂王在蜂群中算是长寿蜂。通常情况下，蜂王在 3 ~ 4 年后因衰老被新王接替而自然淘汰。有关资料表明，蜂王最长的寿命达 8 年之久。

在养蜂生产中，养蜂人并非等蜂王老了才更换，一般都只利用 1 ~ 2 年便用新王代替。如去年的新产卵王，今年流蜜期后就要被更换掉，最多用隔王栅与新王同巢分开，待明年春繁后再淘汰掉。中蜂王衰老更快，应

年年更换。之所以这样做，主要是蜂王到第二年的后半年，其产卵力便逐渐衰退，只有定期更换新王，才能保证蜂群的强盛。

雄蜂的产生一般是春末夏初蜂群强壮、有分蜂情绪时，蜂王才会在雄蜂房中产下未受精卵，培育成雄蜂。雄蜂羽化出房后 7 日龄才能外出飞翔，12 ~ 27 日龄力量适宜的交配期，称为“雄蜂青春期”。雄蜂除了在这期间承担交配任务外，别无用途。因此，当外界蜜粉源稀少或断绝后，或新王已经产卵，工蜂就把雄蜂驱逐于巢外饿死。但是，在秋冬季节，如果蜂群失王，或新换的处女王未交尾成功，或蜂王衰老伤残，工蜂会保留雄蜂。如发现这种情况，必须采取补王、合并蜂群等相应措施。

3. 群势预测

以意蜂为例，从理论上讲，每千克蜂约有 1 万只工蜂，每只工蜂爬在巢脾上约占 3 个巢房面积，每个标准巢脾双面的巢房约为 7 000 个（其中工蜂房为 6 600 ~ 6 800 个），两面爬满巢脾的一框蜂为 2 300 ~ 2 500 只，即 4 足框蜂为 1 千克。不足满框的应进行折算，如 1/2 框、1/3 框等。在生产实践中都以“框”数来测算蜂群的群势，也有称“脾”数的。比如一箱蜂，经折算有 8 框爬满蜜蜂的巢脾，我们就知道这群蜂为 1. 8 万 ~ 2 万只蜂，即称 8 框（脾）蜂。子脾也是按框（脾）计算，经折算后的 1 框（脾）子脾，羽化出房后可形成 2 框蜂。饲料（蜂蜜）的折算，以满框巢蜜为 2 千克计算。

在中原地区，以单王群为例，开始春繁时群势应以有 3 框为宜；到采蜜生产季节，群势至少应达到 8 ~ 12 框蜂，生产强群应达到 18 框蜂以上，才会有良好的生产效益；越冬蜂群的群势，以 5 ~ 6 框蜂为宜，最低不少于 4 足框，方可安全越冬，并有利于来年的春繁。群势是决定蜂群采集力的主要因素之一，强群是获取高产、稳产的基础。

（三）正确认识分蜂，引导蜜蜂合理分群

蜜蜂主要通过分裂和分蜂的形式进行繁殖，自然分蜂时蜂王会带着一半左右的工蜂离开母巢，有时候羽化出房的处女王也会带着一部分工蜂离开母巢，进行第二次自然分蜂，但是这种情况在自然条件下非常少见，因为小蜂群在野外生存概率非常小。在蜂群生活史中，蜂群自然分蜂是最引人关注的生物学特性之一。

1. 自然分蜂的过程

分蜂准备实际上是从蜂群春季进行培育第一批工蜂幼虫开始，培育第一批工蜂幼虫消耗了蜂群中储存的大量蜂蜜和花粉。第一批工蜂羽化补充了蜂群中陆续死亡的越冬工蜂。随着蜂王产卵量不断增加，相应蜂群内的蜜蜂数量不断增加，同时开始培育雄蜂，这说明分蜂不久就要开始。

在临近分蜂的季节，工蜂会在巢脾下缘筑造几个王台，并迫使蜂王在王台内产下受精卵。当蜂王在王台内产卵 10 天后，工蜂对蜂王不像以前那么亲热，只有少数几只工蜂饲喂蜂王，这样由于产卵蜂王缺少高级饲料——蜂王浆，它的腹部会自动缩小，这是对分蜂活动的一种适应，以便蜂王能随工蜂飞离原有的蜂巢。

在王台封盖后 2 ~ 5 天，在晴暖之日，就会出现分蜂活动。在即将分蜂的蜂群巢门口，可以看到工蜂结串，并且工蜂很少出巢去采花蜜和花粉。分蜂开始的时候，分蜂群巢门口常挂有一团蜜蜂，突然间这团蜜蜂骚动起来，像一阵旋风乱哄哄飞起来，当蜂王被工蜂驱赶飞离原巢后，蜂群内约

有一半工蜂也紧随蜂王离开原来的蜂巢。它们在附近飞翔不久，有些工蜂便在合适的场所（如树枝、墙角）临时结团（图 3–20）。先到结团地点的工蜂，为了招引其他的同伴，就撅起腹部，振动翅膀进行发臭活动。至蜂王落入分蜂团时，其他工蜂会像雨点一般飞落在分蜂团上。当蜂团静止时，分蜂团中央内陷形成一个缺口，使蜂团通气。从分蜂群开始飞离蜂巢到结团完成，整个过程一般会在20分内完成。但有时蜂王飞翔中，并未参与结团，而是回到原来的巢内，结团的工蜂发现分蜂团中没有蜂王时，分蜂团很快会自动解散，工蜂会自动回到原来的蜂巢内，并迫使蜂王再次出巢，直至重新在外形成分蜂团。

在形成分蜂团后，有数百只侦察蜂会马上出去寻找新蜂巢，往往有数十只侦察蜂同时找到十几个或更多的新居，它们会在分蜂团表面用舞蹈来表达自己寻找的蜂巢信息，跳舞的热情取决于新居的质量。这时其他侦察蜂会根据舞蹈信息，对这些候选蜂巢的距离、巢门、周围蜜源及安全等进行考察与比较，最后通过蜂群集体决策，选择一个它们认为最好的新居。自然分蜂中群体决定意识的精确结构模式目前还不是十分清楚。

图 3–20　分蜂团

少量侦察蜂引导蜂群到达目的地的假说

当分蜂群飞向新蜂巢时，只有5%侦察蜂知道新蜂巢具体位置，但分蜂群飞行速度很快，而且到达目的地的方向很准确。这么少的侦察蜂是怎样引导蜂群到达目的地的呢？目前有两种假说，第一种假说：侦察蜂在飞行过程中，形成一定的形状，通过视觉效应直接引导分蜂群到达目的地，这就是视觉假说。第二种假说：侦察蜂飞在分蜂群体的前面并从臭腺中分泌信息素，从而引导蜂群到达目的地，这就是嗅觉假说。Beekman等通过实验证明了视觉假说。

迁入新巢后，由于工蜂在分蜂前饱吸了蜂蜜，它们能在一夜间建好一张整齐的巢脾。同时，工蜂又开始给蜂王饲喂大量的蜂王浆，过了1～2天后，蜂王的腹部又不断膨大，恢复了正常的产卵机能。从此一个新的群体生活宣告开始，分蜂活动也就结束了。

若蜂群要连续进行第二次或第三次自然分蜂，则等蜂群进行第一次分蜂后，工蜂会以刚出房的处女新蜂王进行以上同样过程的自然分蜂。只是第二次或第三次自然分蜂的蜂群，蜂王不能马上产卵，必须经过处女新蜂王性成熟和交配后，才能形成产卵群。

留在原来蜂巢内的工蜂，把希望寄托在封盖王台上。当处女王出房后，经过性成熟→交配→产卵几个阶段，又恢复了原来的正常生活。至此由一群蜂分为完整的两群或更多群。

蜂群自然分蜂过程中工蜂去留的相关研究

关于蜂群自然分蜂过程中，哪些工蜂留在原来蜂群中，哪些工蜂随老蜂王出巢分蜂，目前主要有两种观点：一种观点认为，在自然分蜂的过程中，蜂群中工蜂去与留是随机的，即随老蜂王分出的工蜂是随机的；另一种观点认为，由于蜂王是多雄交配，蜜蜂个体之间的亲缘关系指数不一样。对蜂王来说，蜂王与群内所有工蜂亲缘关系指数都是 0.5。但对群内即将羽化的处女王来说，群内有些工蜂是它的全同胞姐妹，而有些工蜂是它的半同胞姐妹，处女王与全同胞姐妹亲缘关系指数高于处女王与半同胞姐妹亲缘关系指数。从理论上讲，留在原来蜂群中工蜂应该多数是与即将羽化的处女王属于全同胞姐妹，而随老蜂王分出的工蜂应该是与即将羽化的处女王属半同胞姐妹。

谢宪兵等（2008）为使中华蜜蜂失王而出现急造王台，应用 3 个蜜蜂微卫星位点鉴别急造王台中的幼虫及其哺育蜂的亚家庭，以此来研究中华蜜蜂急造王台的工蜂亲属优惠。结果表明：蜂群中各亚家庭之间的工蜂分布差异不显著，然而蜂群中急造王台只出现在少数 3 ~ 5 个亚家庭中，各亚家庭之间在王台出现率上存在极显著的差异；哺育急造王台中幼虫工蜂并非只来自幼虫所在的亚家庭，而是分布在更多的亚家庭里。这说明中华蜜蜂急造王台时，在蜂王幼虫的选择过程中存在工蜂亲属优惠行为，但蜂王幼虫与它们的哺育工蜂之间并不存在工蜂亲属优惠现象。

黄强等（2008）以中华蜜蜂为材料，应用分子标记方法研究了中华蜜蜂自然分蜂过程中的亲属优惠行为，结果表明：与封盖王台中处女王同一亚家庭中的工蜂，留在母巢内数量显著高于离开的数量；而与封盖王台中处女王不是一亚家庭中的工蜂，则更多是随分蜂团离开母巢。这说明中华蜜蜂自然分蜂过程中存在亲属辨认与优惠行为。

2. 自然分蜂的机理

（1）哺育蜂过多　哺育蜂是指 6 ~ 15 日龄分泌蜂王浆的工蜂。科热尼科夫（1925）认为，由于在蜂王产卵高峰期过后，封盖子多，不久群蜂内出现了大量的哺育蜂，哺育蜂的哺育能力远大于幼虫和蜂王需要。这时有些哺育蜂不但消耗自己分泌的蜂王浆，而且接受并取食其他哺育蜂分泌的蜂王浆，因而它们的卵巢得到发育，这样就会形成许多假饲喂圈和怠工的现象，从而促使自然分蜂的形成。

（2）蜂王物质不足　蜂王物质的主要功能之一是抑制工蜂的卵巢发育。每只蜂王分泌蜂王物质的量是一定的，当蜂群内工蜂数量很多时，每只工蜂得到蜂王物质的量少于 0. 13 微克，那么必然导致工蜂的卵巢发育，这样同样就会形成许多假饲喂圈和怠工的现象，从而促使自然分蜂的形成。

（3）储蜜的位置缺少　巢房既是蜜蜂储存食物的仓库，也是蜜蜂生存的场所。实践证明，当蜂群内巢房都储满蜜时，导致蜂群内大部分采集蜂怠工，从而使蜂群内正常秩序变得混乱。这种混乱现象要得到解决，只有通过自然分蜂，使蜂群自动分为两群或更多群，才能使蜂巢得到扩大，储蜜的位置也相应得到增加。

（4）工蜂保幼激素浓度显著降低　曾志将等（2005）研究了预备分蜂蜂群与尚未准备分蜂蜂群中工蜂的生理变化规律，结果表明：当预备分蜂蜂群中大量出现封盖王台时，预备分蜂蜂群中工蜂血淋巴中保幼激素含量明显低于对照组（尚未准备分蜂的蜂群）同日龄工蜂血淋巴中保幼激素含量。这就预示着预备分蜂蜂群中工蜂推迟发育成为采集工蜂，这与我们所看到的预备分蜂蜂群采集活动下降的现象一致。

（5）合作效应和距离效应　随着蜂群群势的增加，从宏观上会产生合作效应和距离效应。合作效应是指随着群内蜜蜂数量的增加，蜂群生产出的食物也会增加，并且呈上升趋势，但是蜂群中的蜜蜂达到一定数量后，合作效应会逐渐减小。这是因为蜜蜂越多，他们要飞到更远的地方去寻找食物，使得产出增长的效应逐渐减弱，距离效应则增强。自然分蜂则成为解决合作效应和距离效应矛盾的最好方法 。

3. 控制自然分蜂的措施

对于已经产生了分蜂热的蜂群，要根据群势强弱和蜜源条件酌情处理，控制分蜂的发生，使之恢复正常状态。具体可以采用如下方法：

（1）调换子脾　把有分蜂热的蜂群中的全部封盖子脾提出来，抖去蜜蜂，除净王台，与弱群和新分群中的卵虫脾对换，并按蜂量酌加空脾或巢础框。由于工蜂的哺育负担加重，巢内不再拥挤，其分蜂倾向自然消失。

（2）模拟分蜂　一种方法是先把有分蜂热的蜂群移到旁边，在原址放一个空巢箱。在空巢箱的中间放一张卵虫脾，再用巢础框装满，上面加隔王板和空继箱。然后把有分蜂热蜂群的蜂王和工蜂都抖落在这个新放的巢箱的巢门口，将其巢脾上的王台除净后放在继箱内。这样，当蜂王和工蜂爬进蜂箱后，由于隔王板的阻挡，蜂王则留在充满巢础框的巢箱内。工蜂的一部分也留下来伴随蜂王，一部分则通过隔王板到继箱中去照顾蜂儿。另一种方法是不搬动原群的蜂箱，直接提出其全部子脾，补以空脾和巢础框，把蜂王和工蜂抖落在巢门口，让它们爬进蜂箱，将子脾除净王台后，分放到其他群里。当蜂王和工蜂恢复常态以后，再酌情补以子脾。

（3）蜂群易位　在外界有蜜源的情况下，外勤蜂大量出巢采集时，先将有分蜂热的蜂群里的王台消除干净，再与弱群互换位置。然后根据这个弱群的现有蜂量，用与之换位的有分蜂热蜂群中的部分封盖子脾予以补充。

知识链接

预防生产季节发生自然分蜂的措施

在生产季节，发生自然分蜂，会影响工蜂的采集积极性，从而影响蜂群的产量。为此在蜂群的饲养管理过程中，要随时预防蜂群发生自然分蜂，具体措施如下：随时用产卵力强的新蜂王更换强群里的老劣蜂王；适时扩大蜂巢，为发挥蜂王的产卵力和工蜂的哺育力创造条件，使巢内不拥挤；在非流蜜期，酌情用强群里的封盖子脾换取弱群中的卵虫脾，加大强群的巢内工作负担；蜂群强大后，及早开始生产王浆；外界蜜粉源比较丰富时，及时加巢础框造脾，使蜂群储存饲料和剩余蜂蜜不受限制；炎热季节注意给蜂群遮阴，扩大巢门和蜂路，改善蜂箱通风条件；检查蜂群时，及时毁除自然王台。

五、养蜂的关键基础技术

（一）正确检查蜂群，及时发现问题

检查蜂群是养蜂者管理蜜蜂的基本技能。通过检查蜂群，才能了解蜂群内部的情况，根据不同的情况和问题，采取相应的管理措施。检查蜂群分箱外观察和开箱检查，开箱检查又分全面检查和局部检查（也称快速检查）两种方式。

开箱检查前，应做好必要的物质（如空脾、巢础框、王笼等）和工具（如蜂刷、割蜜刀、镊子等）准备，并戴上面网，随带喷烟器、起刮刀、记录表等。开箱时，检查者应站在蜂箱的一侧，而不能站在蜂箱的前面；为便于看清子脾，应背向阳光；如果有风（大风天不宜检查），应背向风向，使身体起到挡风作用，以便保护蜂子免受冷风伤害。检查者揭开箱盖，斜倚在后箱壁旁侧，然后用起刮刀轻轻地撬动副盖取下，翻面搁置在巢门踏板前。检查巢脾时，应推开隔板，并用起刮刀的弯刃撬动框耳，即可提脾检查。提脾时，用双手的拇指和食指紧捏两头框耳，轻稳垂直地往上提，防止碰撞箱壁和挤压蜜蜂（图 3–21），巢脾要提在蜂箱的正上面查看，以免蜂王掉落地上，造成损失。在蜂群进蜜进粉期间提脾检查时，务须使巢脾的平面和地面保持垂直状态，以免蜜汁、花粉从巢房内掉落。查看的巢脾如需要看背面，可以巢框上梁为轴垂直竖起旋转半个圈，再将双手平放。这样才能使巢脾的平面始终与地面保持垂直。如实施局部快速检查，边脾或依次向里不提的巢脾可向外移开一个巢框的距离，然后提出要查看的巢脾。

图 3-21　提脾

检查完毕，应按正常的蜂路（通常巢脾的间隙为 10 ~ 11 毫米）将各巢脾照原来的位置靠拢，或经调整后，保持以老蛹脾、卵虫脾居中，封盖子脾（新蛹脾）次之，蜜粉脾居外的顺序靠拢，切勿任意放宽蜂路和无规律地任意摆放巢脾。若检查带继箱蜂群，可将箱盖翻面平放在地上，再将继箱搬下横搁在箱盖上，待检查完巢箱后，再叠回继箱进行检查。检查蜂群时，万一蜂王受惊起飞（多见于处女王和刚产卵新王），可随手把所提脾上的蜜蜂抖落在巢前，放回巢脾，并盖上箱盖，人退蹲箱侧，不久蜂王会随同抖落的蜜蜂飞回巢内。若久未返巢，则需到邻箱寻找。

1. 全面检查

蜂群全面检查就是开箱后将巢脾逐一提出进行仔细查看，全面了解蜂群内部状况的蜂群检查方法。全面检查的特点是对蜂群内部的情况了解比较详细，但是由于检查的项目多，需查看的巢脾数量也多，开箱所花费的时间较长，在低温的季节，特别是在早春或晚秋，会影响蜂群的巢温稳定；在蜜源缺乏的季节开箱，时间过长容易引起盗蜂；并且蜂群全面检查操作管理所花费的时间也多，劳动强度大。因此，全面检查不宜经常进行。在蜂群的饲养管理过程中，不需要时应尽可能避免全面检查。在蜂群增长阶段需要以封盖子发育时间为周期定期进行全面检查，此外在每一个管理阶段前也需要进行全面检查。

对蜂群进行全面检查时，应重点了解蜂群巢内的饲料是否充足，蜂和脾的比例是否恰当，蜂王是否健在，产卵多寡，蜂群是否发生病、虫、敌害，在分蜂季节还要注意巢脾上是否出现自然分蜂王台等。

每群蜜蜂全面检查完毕，都应及时记录检查结果，即将蜂群内部的情况分别记入蜂群检查记录表（简称定群表）中。蜂群检查记录表能充分反映在某一场地不同季节蜂群的状况和发展规律，是制订蜂群管理技术措施和养蜂生产计划的依据。所以，蜂群的检查记录表应分类整理，长期妥善保存。

2. 局部检查

蜂群的局部检查，就是抽查巢内 1 ~ 2 张巢脾，根据蜜蜂生物学特性的规律和养蜂经验，判断和推测蜂群中的某些情况。由于不需要查看所有的巢脾，因而开箱的时间短，可以减轻养蜂人员的劳动强度和对蜂群的干扰。蜂群的局部检查特别适用于外界气温低，或者蜜源缺少，容易发生盗蜂等不便长时间开箱的条件下检查蜂群。局部检查主要了解储蜜、蜂王、蜂脾比例、蜂子发育等情况，了解的问题不同，提脾的位置不同。

（1）群内储蜜情况　了解蜂群的储蜜多少，只需查看边脾上有无存蜜。如果边脾有较多的封盖蜜，说明巢内储蜜充足。如果边脾储蜜较少，可继续查看隔板内侧第二张巢脾，巢脾的上边角有封盖蜜，蜂群暂不缺蜜。如果边二脾储蜜较少，则需及时补助饲喂。

（2）蜂王情况　检查蜂王情况应在巢内育子区的中间提脾，如果在提出的巢脾上见不到蜂王，但巢脾上有卵和小幼虫，而无改造王台，说明该群的蜂王健在；封盖子脾整齐、空房少，说明蜂王产卵良好；倘若既不见蜂王，又无各日龄的蜂子，或在脾上发现改造王台，看到有的工蜂在巢上或巢框顶上惊慌扇翅，这就意味着已经失王；若发现巢脾上的卵分布极不整齐，一个巢房中有好几粒卵，卵黏附在巢房壁上，这说明该群失王已久，工蜂开始产卵；如果蜂王和一房多卵现象并存，说明蜂王已经衰老，或存在着生理缺陷，应及时淘汰。

（3）蜂脾比例情况　检查蜂群的蜂脾关系，确定蜂群是否需要加脾或抽脾，应查看蜜蜂在巢脾上的分布密度和蜂王产卵力的高低。通常抽查隔板内侧第二张脾，如果该巢脾上的蜜蜂达80%以上，蜂王的产卵圈已扩大到巢脾的边缘巢房，并且边脾是储蜜脾，就需要加脾；如果说巢脾上的蜜蜂稀疏，巢房中无蜂子，就应将此脾抽出，适当地紧缩蜂巢。

（4）蜂子发育情况　检查蜂子的发育，一查看幼虫营养状况，二查看有无患幼虫病。从巢内育子区的偏中部提1～2张巢脾检查。如果幼虫显得湿润、丰满、鲜亮，小幼虫底部白色浆状物较多，封盖子面积大、整齐，表明蜂子发育良好；若幼虫干瘪，甚至变色、变形或出现异臭，整个子脾上的卵、虫、封盖子混杂，封盖巢房塌陷或穿孔，说明蜂子发育不良，或患有幼虫病；若脾面上或蜜蜂体上可见大小蜂螨，则说明蜂螨危害严重。

3. 箱外观察

蜂群的内部情况，在一定程度上能够从巢门前的一些现象反映出来。

因此，通过箱外观察蜜蜂的活动和巢门前蜂尸的数量和形态，就能大致推断蜂群内部的情况。这种箱外观察了解蜂群的方法，随时都可以进行，尤其是在特殊的环境条件下，蜂群不宜开箱检查，或需要随时掌握全场蜂群的情况时，箱外观察更为常用。

（1）从蜜蜂的活动状况判断

1)蜜蜂采蜜情况　全场蜂群普遍出现外勤工蜂进出巢繁忙，巢门拥挤，归巢工蜂腹部饱满沉重，夜晚扇风声较大，说明外界蜜源泌蜜丰富，蜂群采酿蜂蜜积极。蜜蜂出勤少，巢门口守卫蜂警觉性强，常有几只蜜蜂在蜂箱周围或巢门口附近窥探，伺机进入蜂箱，说明外界蜜源稀绝，已出现盗蜂活动。在流蜜期，如果外勤蜂采集时间突然提早或延迟，说明天气将要变化。

2）蜂王状况　在外界有蜜粉源的晴暖天气，如果工蜂采集积极，归巢携带大量的花粉，说明该蜂王健在，且产卵力强。这是因为蜂王产卵力强，巢内卵虫多，需要花粉量也大。所以采集花粉多的蜂群，巢内子脾就必然多。如果蜂群出巢怠慢，无花粉带回，有的工蜂在巢门前乱爬或振翅，则有失王的嫌疑。

3）自然分蜂征兆　在分蜂季节，大部分的蜂群采集出勤积极，而个别强群很少有工蜂进出巢，却有很多工蜂拥挤在巢门前形成蜂胡子，此现象多为分蜂的征兆。如果大量蜜蜂涌出巢门，则说明分蜂活动已经开始。

4)群势强弱　当天气、蜜粉源条件都比较好时，有许多蜜蜂同时出入，傍晚大量的蜜蜂拥簇在巢门踏板或蜂箱前壁，说明蜂群强盛；反之在相同的情况下，进出巢的蜜蜂比较少的蜂群，群势就相对弱一些。

5）巢内拥挤闷热　气温较高的季节，许多蜜蜂在巢门口扇风，傍晚部分蜜蜂不愿进巢，而在巢门周围聚集，这种现象说明巢内拥挤闷热。

6）发生盗蜂　当外界蜜源稀少，少量工蜂在蜂箱四周飞绕，伺机寻找进入蜂箱的缝隙时，表明该群已被盗蜂窥视，但还未发生盗蜂；当巢门前秩序混乱，工蜂团抱厮杀时，表明盗蜂已开始进攻被盗群；当弱群巢前的工蜂进出巢突然活跃起来时，仔细观察，若进巢的工蜂腹部小，而出巢的工蜂腹部大，则说明发生了盗蜂。

7）农药中毒　工蜂在蜂场激怒狂飞，性情凶暴，并追蜇人、畜；头胸部绒毛较多的壮年工蜂在地上翻滚抽搐，尤其是携带花粉的工蜂在巢前挣扎，此现象为蜜蜂农药中毒。

8）螨害严重　不断地发现巢前有一些体格弱小、翅残缺的幼蜂爬出巢门，不能飞，在地上无目标爬行，此现象说明蜂螨危害严重。

9）蜂群患下痢病　巢门前有体色特别深暗、腹部膨大、飞翔困难、行动迟缓的蜜蜂，并在蜂箱周围有稀薄量大的蜜蜂粪便，这是蜂群患下痢病的症状。

10）蜂群缺盐　无机盐也是蜜蜂生长不可缺少的物质。当见到蜜蜂在小便池采集时，则说明蜂群缺盐；如果人在蜂场附近，蜜蜂会在人的头发和皮肤上啃咬汗渍，说明蜂群缺盐严重。

（2）从巢前死蜂和死虫蛹的状况判断　严格意义上，蜜蜂死在巢前是不正常的。如果巢前有少量的死蜂和死虫蛹，则对蜂群无大影响，但死蜂和死虫蛹数量较多，就应引起注意。

1）蜂群巢内缺蜜　巢门前有拖弃幼虫或增长阶段驱杀雄蜂的现象，

若用手托起蜂箱后方感到很轻，说明巢内已经缺乏储蜜，蜂群处于接近危险的状态。巢前出现腹小、伸吻的死蜂，甚至巢内外这种蜂尸大量堆积，则说明蜜蜂已因饥饿而开始死亡。这种情况下，应立即采取急救饲喂措施。

2）农药中毒　在晴朗的天气，蜜蜂出勤采集时，全场蜂群的巢门前突然出现大量的双翅展开、勾腹、伸吻的青壮死蜂，尤其强群巢前死蜂更多，部分死蜂后足携带花粉团，说明是农药中毒。

3）大胡蜂侵害　夏、秋季是胡蜂活动猖獗的季节，蜂箱前突现大量的缺头、断足、尸体不全的死蜂，而且死蜂中大部分都是青壮年蜂，这表明该群曾遭受大胡蜂的袭击。

4）冻死　在较冷的天气，若蜂箱巢门前出现头朝箱口、呈冻僵状的死蜂，则说明因气温太低，外勤蜂归巢时来不及进巢冻死在巢外。

5）蜂群遭受鼠害　冬季或早春，如果门前出现较多的蜡渣和头胸不全的死蜂，从巢内散发出臊臭的气味，并且看到蜂箱有咬洞，则说明有老鼠进入巢箱危害。

6）巢虫危害　饲养中蜂，如果发现在巢门前有工蜂拖弃死蛹，则说明是巢虫危害。取蜜操作不慎，碰坏封盖巢房，巢前也会出现工蜂或雄蜂的死蛹。

7）自然交替　天气正常，蜂群也未曾分蜂，如果见到巢前有被刺死和拖弃的蜂王或王蛹，可推断此蜂群的蜂王已完成自然交替。

8）蟾蜍危害　夏秋季节，发现蜂箱附近有灰黑色的粪便，如一节小指头大小，拔开粪便可见许多未经消化的蜜蜂头壳，说明夜间有蟾蜍危害蜜蜂。蜂场有蟾蜍危害，可在天黑后打手电筒在蜂箱附近寻找，捕捉后放归远离蜂场的田野。因蟾蜍对人类是有益的动物，不可伤害。

（二）饲养强群好处多

养蜂的目的是获取优质高产的蜂产品，而强群则是优质高产的保证。要使蜂群的强盛势头能一直保持下去，应采取的主要措施如下：

1. 选用善产新王

利用双王群繁殖，蜂王年轻善产是维持强群的关键，对劣质蜂王应马上换掉。但由于单王群群势有波动，总会出现一段时间群强，一段时间群弱，这是规律，如果采用双王繁殖则可以避免这个缺陷。

2. 注意治螨防病

螨害是蜂群一年四季管理中一刻也不能忽视的问题，一般情况下在每年的入冬前和春繁前抓住断子期治螨的有利时机，狠杀几次螨，即可避免螨对蜂群的危害。另外，在管理中还要预防其他一些常见病，如白垩病、下痢病等对蜂群的危害。

3. 保持较多子脾和充足饲料

子脾多，后代就多，蜂群就旺盛，同时消耗饲料也多，因此必须提供充足的饲料，以保证蜂儿的健康发育和蜜蜂的充足营养。

4. 预防蜂群产生分蜂热

蜂群一旦有了分蜂情绪就会怠工，蜂王产卵下降，因此要注意预防。

（三）人工育王技术

蜂王是正常蜂群中唯一能够产卵生殖的雌性蜂，并且通过释放群体外激素——蜂王物质控制和维持蜂群的正常生活秩序。蜂王直接影响蜂群的群势、采集力、抗逆力以及蜜蜂产品的产量和质量等生产能力诸要素，优质蜂王是养蜂高产的因素之一。依靠蜂群自然培育蜂王，从时间、数量和质量上都不能满足蜂群快速增长、人工分群、双王和多王饲养以及笼蜂生产的需要。所以现代养蜂生产中，几乎所有蜂王都是采用人工育王方法培育而成的。

美国、罗马尼亚、意大利、澳大利亚等养蜂业比较发达的国家，对蜂王培育十分重视，都有独立的养王业。专业育王场向生产蜂场提供大量优质的生产用蜂王。我国是一个养蜂大国，但是专业的育王场并不多，生产用蜂王几乎全部由各生产蜂场自行培育。因此，在我国人工培育优质蜂王是现代养蜂必须掌握的技术。

1. 人工育王的原理、时间和条件

（1）人工育王原理　蜂群培育蜂王需具备3个条件，培育蜂王的蜂群、王台和培育蜂王的卵或幼虫。

蜂群通常只允许1个蜂王存在，一般情况下蜂群不轻易培育蜂王。只有3种蜂群培育蜂王，即有分蜂热、蜂王老残或无王蜂群。人工育王创造蜂群条件需培养和组织强群，使之产生适度分蜂热，并用隔王栅将蜂巢分隔出无王的育王区。

蜂王须在王台中发育，自然台基很难满足批量人工育王的需要，人工培育蜂王可制作人工台基，或将工蜂巢房加工改造成王台。

培育蜂王的卵或幼虫可取自工蜂巢房。因为蜂王和工蜂均由同样的二倍体受精卵发育而来，王台和工蜂巢房中的卵无差别。蜂王和工蜂小幼虫都取食蜂王浆，孵化后3天以内的工蜂巢房中的小幼虫在改变食物和生长条件后就能发育成蜂王。所以可将工蜂巢房内的卵或3日龄以内的工蜂小幼虫培育成蜂王。值得注意的是，蜂王和工蜂的分化是从卵孵化以后开始的，随着日龄的增长，蜂王和工蜂的食物的差别越来越大，由较大的工蜂幼虫培育的蜂王，体重和卵巢管数等相应减小。3日龄后的工蜂幼虫不能培育成蜂王。

根据上述的蜜蜂生物学特性，人工培育蜂王就可以将工蜂巢房中的受精卵或小幼虫，移到人工王台中，或将含有卵或小幼虫的工蜂巢房扩大改造成王台后，放到强群中的无王区进行培育，就可批量培育出蜂王。

（2）人工育王时间选择　从养蜂生产需要的角度，一年中首次育王时间在保证育王质量的前提下越早越好。大批育王最好能与主要辅助蜜粉源或第一个主要流蜜期相吻合，以提高蜂王质量，加速蜜蜂群势增长和人工分群，以及在第一个流蜜期的后期，用新王把大部分越冬老王更换掉，以保证蜂群的持续发展。最后一次育王时间，应选择在当地秋季的最后一个大流蜜期前期。有些地区主要蜜源流蜜期结束得早，秋季又有较丰富辅助蜜粉源，也可在秋季培育蜂王，让新蜂王群培育越冬蜂。秋季培育的蜂王无论对蜂群的安全越冬，还对翌年春季蜂群的快速增长，尤其是对第一个主要蜜源的蜂蜜生产都具有重要意义。

（3）人工育王条件

1）丰富的蜜粉源　只有在蜜粉源丰富的条件下，蜂群才有为自然分蜂大量培育蜂王的积极性。高质量蜂王的培育需以丰富的蜜粉源为前提。人工育王经修造台基、移虫或移卵、新王出台、交尾、产卵，以至提用，需25 ~ 30天。因此，人工培育优质蜂王应有约30天连续的蜜粉源。如果外界蜜源稍差，只要粉源丰富，通过奖励饲喂也可人工育王。

2）温暖而稳定的气候　蜂王和种用雄蜂的生长发育和飞翔交尾，都需要有20℃以上稳定的气候条件。温度过低或过高都将影响王台在育王群和小交尾群中发育的环境温度，影响蜂王的正常发育。在蜂王交配期，力求避开连续阴雨的天气。

3）大量适龄健壮的雄蜂　生产蜂群所需的是交配后能产二倍体卵的受精蜂王，未与雄蜂交配的蜂王在生产上是没有意义的。雄蜂性成熟期在出房后12 ~ 27天。蜂王性成熟期在5日龄以后，也就是移虫后17天。在养蜂生产中，需见到雄蜂出房再移虫育王。蜂王和雄蜂是在空中进行和完成交配行为的，因此，需要一定数量的雄蜂才能保证蜂王交配顺利进行。

4）强盛的群势　群势强盛的蜂群产生不同程度的分蜂热，才有培育蜂王的积极性。因此只有强盛的蜂群，才能培育出大量优质的蜂王。强群必须健康无病，巢内具备各龄期的工蜂，特别是大量的适龄哺育蜂。春季，应在全场蜂群普遍超过6足框后，才可组织强群培育蜂王。

5）生产性能优良的种群　蜜蜂的性状是可以遗传的，通过在生产中的观察，有目的地在生产性能好、抗逆力强的蜂群中培育种用雄蜂或移虫育王，就能使蜜蜂良好的种性保持下来，提高蜂王的种质。也可以从专业育王场引进部分良种蜂王作为种用蜂王。

6）熟练的人工育王技术　育王技术的高低，毫无疑问会影响所培育的蜂王质量。所以，养蜂生产场要自己培育出理想的蜂王，必须掌握先进的人工育王方法和熟练的人工育王操作技术。

陈世璧等研究证实，哺育群中哺育蜂多、封盖子脾多、卵虫少，培育出来的蜂王质量高。

2. 人工育王的计划和记录

人工育王的计划和记录对科学育王不可缺少。制订严密的科学的育王计划，有利于育王工作有条不紊地进行，避免出现差错。人工育王记录可以帮助人们总结经验教训，提高育王技术。

（1）人工育王计划的制订　人工育王是一项计划性很强的工作。人工育王计划是人工育王实施过程中的主要的依据，它包括种用群的组织、雄蜂培育的起止时间、移虫育王的数量和时间、交尾群组织的数量和时间、分配王台的时间以及提用新产卵王的时间等。如果没有严密的育王计划，就可能发生问题，出现事故，甚至导致失败（图 3–22）。例如，在出台前不能分散诱入交尾群中，第一个处女王出台就会毁掉这一批所有的王台。

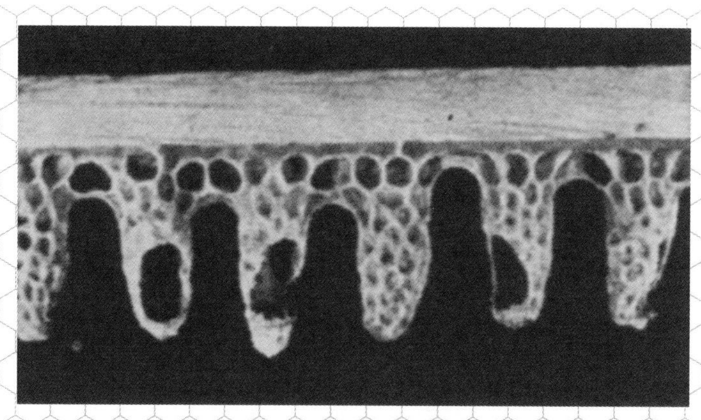

图 3–22　被处女王毁坏的成熟王台（引自 Eckert 1977）

人工育王的环节包括选择和组织父群、培育雄蜂、选择和组织母群、初移、复移、组织交尾群、分配王台、蜂王出台、蜂王交尾、蜂王产卵、蜂王提用等。在众多育王环节中，最关键的环节是提用蜂王、蜂王出台、移虫时间。由计划提用蜂王的时间，推算蜂王出台的日期，再估计移虫的日期。其他育王环节时间的确定均以这3个关键环节作为基本点。

如果需要的蜂王数量多，不可能一次育王解决，就应分批培育。后几批的育王计划应考虑合理地利用前一批育王的哺育群和处女王交尾未成功的交尾群，育王计划在各环节的数量上，应根据环境条件和技术手段留有充分余地。

（2）人工育王的记录　人工育王是蜜蜂饲养管理中一项比较重要的工作。为了不断地积累育王经验、总结教训，应将人工育王过程中的有关事项进行详细的记录，并应制成相应的表格，以便整理记录和存档备查。

3. 人工育王种用群的选择和组织

蜜蜂的性状不仅受母本影响，也受父本影响。因此在育王之前，一定要认真选择父群和母群。父群是指为培育蜂王提供种用雄蜂的蜂群；母群是为人工育王提供卵或小幼虫的蜂群。此外，提供蜂王幼虫食料和蜂王虫蛹生长发育环境的蜂群为哺育群，哺育群也称为育王群。哺育群能否提供充足良好的食料和适宜发育的环境条件，对蜂王质量影响很大。父群、母群和哺育群，统称为人工育王的种用群。

（1）父群选择和种用雄蜂培育

1）父群选择　选择父群就是将具有优良种性和突出稳定生产性能的蜂群作为父群。考察父群一般需要1年以上，全面衡量蜂群各方面的性状，包括蜂群的增长速度、分蜂性能、抗逆力、盗性、温驯性、生产性能等。在一个蜂群中，所有的性状都表现得特别优良是不可能的，在选择种用群时，父群和母群各有所侧重。父群的选择可在各方面性状较优良的基础上，侧重于采集力和生产性能。

2）种用雄蜂培育　培育优质雄蜂的条件：

a. 强大群势的父群　强群哺育蜂过剩，产生适度的分蜂热，培育雄蜂的积极性高，蜂王才可能在雄蜂房中大量产未受精卵。西方蜜蜂父群的群势应达到 13 ~ 15 足框。

b. 充足的粉蜜饲料　培育种用雄蜂应具备外界蜜粉源丰富的条件，蜜粉源不足时，需通过饲喂补足父群糖饲料和蛋白质饲料。

c. 适宜的温湿度　雄蜂幼虫发育的适宜温度是 34 ~ 35℃，相对湿度是 70% ~ 80%。

d. 优良的雄蜂脾　培育健壮的雄蜂，最好使用新修造的种用雄蜂脾。培育种用雄蜂的巢脾可用特制的雄蜂巢础镶入巢框专门修造种用雄蜂脾，也可将工蜂巢础镶装在巢框的上部，雄蜂巢础镶装在巢框的下部，修造成组合巢脾。

e. 防治蜂螨　雄蜂发育期长，蜂螨多集中在雄蜂房中寄生，雄蜂遭受螨害更严重。螨害影响种用雄蜂健康发育，为此，西方蜜蜂在培育种用雄蜂前须对父群彻底治螨。

f. 父群的组织　培育雄蜂前进行父群的调整，使父群达 13 ~ 15 足框，巢内留 8 ~ 9 足框较大的子脾和 3 ~ 4 足框粉蜜脾，使蜂稍多于脾。

g. 父群管理和种用雄蜂保养　父群管理要点主要有奖励饲喂、保证饲料充足、低温季节保温。雄蜂的房盖突出，所以靠近雄蜂脾的蜂路应适当放宽距离。

（2）母群选择和管理　母群的选择至少应通过 1 周年的观察和比较，

全面衡量其生物学特性和生产性能。假如一般性状的表现都差不多时，要着重选择增殖力强、分蜂性弱、能维持强群以及具有稳定的特征和最突出的生产性能的蜂群作为母群。母群的数量可根据培育的蜂王的数量而定，拥有 100 ~ 120 群的蜂场需母群 2 ~ 3 群。在移虫前 8 ~ 10 天，将母群的蜂王用隔王栅或蜂王产卵控制器限制在巢箱的中部，在此区内基本没有可供蜂王产卵的空巢房，使蜂王无法大量产卵。在移虫前 4 天，在此区插入 1 张在脾中间只有 200 ~ 300 个空巢房的棕色巢脾供蜂王产卵。

母群应哺育力强，使小幼虫在丰富的食料中发育。小幼虫底部王浆较多，移虫时能减少幼虫受伤，有利于提高移虫的接受率。

（3）哺育群的组织和管理　哺育群的性状与强弱对蜂王的发育有直接的影响，哺育群应挑选高产健康的优良强群。西方蜜蜂哺育群的群势一般应有 13 足框以上，哺育蜂应占蜂群工蜂的 30% ~ 40%。哺育群在移虫育王前 2 周封盖子脾数量应达 2 ~ 3 足框。在移虫育王前 1 ~ 2 天将父群正在出房的雄蜂封盖子脾，提入哺育群中。哺育群不宜无王。

组织育王群时需用隔王栅将蜂群分隔为无王的育王区和有王的育子区。育王框放在育王区中部的小幼虫脾之间。两侧巢脾的排列从中间到两边分别排列带粉蜜的小幼虫脾、大幼虫脾、封盖子脾、蜜粉脾。蜂王放在育子区内，其中放置 5 ~ 8 张老熟封盖子脾、空脾和蜜粉脾。巢脾放置的数量要根据群势而定，注意保持合理的蜂脾关系。哺育群的组织应在移虫前 1 ~ 2 天完成，在组织哺育群的过程中，要毁除群内所有的自然王台。

4. 人工育王方法

人工育王的技术由简单到复杂逐渐发展。人工育王方法主要有利用自然王台法、裁脾育王法、移虫育王法和移卵育王法等。

（1）利用自然王台法　利用自然王台进行少量的蜂王补充或换王，方法简单实用。自然王台中发育的蜂王，相当一部分都处于工蜂的充分哺育和照料下，且从卵的孵化、幼虫的发育、蛹的变态到处女王羽化出房一直都没有挪动，环境条件比较稳定。自然王台中发育的蜂王多质量好、体格大，交尾成功率也高。利用自然王台的优点是简单、方便、快速，但不能有计划地大批生产优质蜂王。

自然王台的利用也可选择性状优良的母群。将有较多分蜂台的脾提出，取出王台内的卵虫。再将母群中无台的脾适当提出，加入有台但去除台中卵虫的脾。调整母群，使母群密集，促其产生分蜂热，减少巢内可供蜂王产卵的巢房，促使蜂王到台基中产卵。

（2）裁脾育王法　裁脾育王法在技术上比较容易掌握，工作效率也比较高，不足之处在于每次育王，都要毁掉一张巢脾，且很难控制育王的数量和质量。裁脾育王有两种方法：Case 裁脾育王法和 Hopxins 裁房育王法。

1）Case 裁脾育王法　Case 裁脾育王法就是在种用群中，加一张从未产过卵的新脾，控制蜂王在此脾上产卵。4 天后将这张脾产满卵和刚孵化小幼虫的脾提出，用利刀削去巢脾的一面巢房。将另一面巢房每三排工蜂巢房毁二留一，横向留下数条工蜂巢房；再从新脾的一侧开始，每三个工蜂巢房毁二留一，并将保留的巢房用木棒扩大。这样，该脾上的巢房之间都相距 12 毫米以上。然后把此脾巢房向下，水平放在无王的哺育群巢脾的上方，并将此脾架高，使该脾与巢框上梁相距 25 ~ 50 毫米，以便工蜂添造大王台；王台成熟前 1 ~ 2 天，将王台诱入各交尾群。应用此法育王要控制王台数量，以保证所培育出新王的质量，一般不宜超过 40 只。

2）Hopxins 裁房育王法　Hopxins 裁房育王法也称为粘房育王法。其方法是将一张新的空脾插入母群，在开始产卵后第四天，取出含有 1 日龄小幼虫的该卵虫脾。用预热过的小刀从脾上切下一条有 1 日龄幼虫或卵的巢房，削去这条巢脾的一边巢房，然后把另一边巢房削短。这条巢房中均有卵虫，可将整条巢房粘装在育王条上，从一端起毁 2 个巢房保留 1 个巢房。巢房条并非每个巢房都有卵虫，可将有卵虫的巢房分别切下，均匀地粘装在育王条上。用小木棒将这些短壁巢房扩大，使其接近王台的口径，以利于工蜂将这些巢房改造成王台。育王条粘装后安装在育王框上，放入哺育群中育王。裁房操作须在室温 30℃、相对湿度 65% ~ 85% 的室内进行。操作应迅速，应在 30 分内完成。

（3）移虫育王法　移虫育王法是一种计划性强、效率高、效果比较理想的常用育王方法。

1）蘸制台基　在蘸制台基之前，先把台基棒放在冷水中浸泡 30 分以上。封盖蜡或赘脾蜡放入熔蜡罐槽或双重水浴的熔蜡壶内加热，待蜂蜡完全熔化后，将熔蜡罐置于 75℃左右的热水中。把台基棒直立浸入蜡液 10 毫米深处，立即取出稍等片刻再浸入，如此反复 2 ~ 3 次，一次比一次浅，使台基从上至下逐渐增厚。最后在冷水中浸一下，用手指轻旋脱下。为提高蘸制台基的效率，可将台基棒固定成一组。

2）粘装台基　台基蘸制好后，放在清洁的容器中备用。把台基用熔蜡均匀地粘在育王框的台基条上。为了割台方便，台基在粘结过程中，底部可蘸点蜂蜡，使台底加厚，以免王台成熟时割台损坏王台。台基应粘结牢固，以震动育王框台基不脱落为准。粘装好台基的育王框放入哺育群中清理修台 3 ~ 4 小时，修整加工成台口略显收口时，即可将育王框提出准备移虫。台基放入蜂群修整时间不可过长，否则蜂群会把空台基啃光。

3）移虫　移虫在气温 20 ~ 30℃、相对湿度 70% ~ 85%的室内进行。如果在室外移虫，应选择晴暖无风的天气，且避免阳光直接照射。从母群中提出事先准备好的供移虫的小幼虫脾，从哺育群中提出修整好的育王框。挑选 12 ~ 18 小时以内、有光泽、底部乳浆充足的小幼虫，用移虫舌伸入台基底部中间。移虫时，移虫舌沿巢房壁插入房底，使舌端插在幼虫和巢房底之间，待移虫舌尖越过虫体后再沿房壁原路退回，即可托起小幼虫。将其送入台基中部，然后压下推杆，移虫舌从反方向推出。在移虫过程中，应保持小幼虫浮在王浆表面上的自然状态。

为了提高移虫接受率和提高处女王的初生重可采用复式移虫。在移虫的前一天，从一般的蜂群中，挑选适龄小幼虫脾先进行初移，初移的育王框放入哺育群中一天取出。用消过毒的镊子将前一天移入的小幼虫从台基中轻轻取出，随即将母群的小幼虫移到台基中原来幼虫的位置。复式移虫后立即将育王框放入哺育群中。

（4）移卵育王法　将新脾放入母群中，使母群的蜂王在其上集中产卵一定的时间取出，以保证此脾上的卵龄基本一致。移卵方法有两种：一种是用移卵铲移卵，另一种是用移卵管移卵。

1）移卵铲移卵　将种用卵脾的背面巢房割去，将正面的巢房壁削浅。用移卵铲将卵逐个挖出，粘在育王框上台基的中部。铲卵时，铲端的刀口在着卵点的外侧 1 毫米处进铲，在刀口越过 1 毫米后起铲，然后把粘有蜂卵的蜡片小心地放进台基中间。推动移卵铲上的推蜡杆，使着卵点的蜡片粘在台基的中间。

2）移卵管移卵　其过程与移卵铲移卵法大致相同。移卵时，将移卵管插入有卵的巢房的底部，用移卵管的外管切下巢房底，带卵的圆形蜡片就留在移卵管的外管内。移卵管的外管口扣在育王框上台基的底部中间，推动内管把蜡片推出并使其粘接在台基中间。为了不使蜡片粘在内管口上，每移一个卵之前，应给内管口浸润一点蜜水。

5. 交尾群的组织和管理

交尾群是提供处女王生活组成的蜂群。为了提供更多的处女王交尾，交尾群的群势往往都很小，尤其是专门交尾群。交尾群要具备独立生存的能力，必须要有各龄期的蜜蜂，以便能承担蜂群内外勤的各项工作。交尾群应有充足的蜂蜜和花粉饲料，并要有子脾，以利用蜜蜂恋子的习性，巩固交尾群的群势。另外在交尾群的组织过程中，还应有一定的封盖子脾，以便这批封盖子出房后加强群势，并为交尾后蜂王提供产卵位置。

（1）交尾箱的类型和准备　交尾箱的类型很多，可根据气候、蜂群、季节等进行选择。

1）标准巢框交尾箱　标准巢框交尾箱是由普通郎氏蜂箱和闸板分隔成 2 ～ 4 个小区构成的，也可以是特制成可放 3 ～ 4 张标准巢脾的专用交尾箱。结合蜂群管理和换王等，利用强群供给处女王生活的蜂群也可归入此类。标准巢框交尾箱不必特制巢脾，可用生产蜂箱饲养交尾群，蜂王交配成功可直接补强成为正常蜂群。用标准巢框交尾箱组织交尾群需要的蜜蜂数量较多，与小型巢脾交尾箱比较，同等群势的交尾群保温和护脾能力较差。

2）双区交尾箱　普通蜂箱用闸板平分为 2 区，分别开设巢门。每区通常由 2 足框蜂附 2 框封盖子脾及 1 框粉蜜脾组成。这种类型的交尾箱，群势较强，适应期长，但处女王交尾失败，在蜜蜂利用上不经济。

3）四区交尾箱　将普通巢箱用 3 块闸板平分为 4 区，在前后左右 4 个方向分别开设巢门。交尾群的群势，在 1 ~ 1.5 足框蜂，放 2 张有封盖子和蜜粉的巢脾。这种交尾群的群势中等，也可以提供储备蜂王或重复交尾使用。这种类型的交尾箱使用经济，对保持巢温也较好，巢内环境适宜，单群稍加补助也可成群。这类交尾箱的不足之处：巢门多向，陈列不便，日照不一。

4）原群用闸板分隔交尾小区　正常的蜂群用闸板和覆布分隔 1 ~ 2 脾作为交尾区，由侧门出入交尾。交尾区内的群势可调动增减，保温较好。处女王交尾失败，交尾区的蜜蜂容易并回原群，也便于更换原群蜂王。但如果处女王交尾错投，常有刺死原群或其他蜂群产卵王的危险。

5）框交尾箱　这是一种小型交尾箱，宽和高与标准蜂箱相同，巢脾的大小也与标准巢脾相同，只是长度比标准蜂箱小。这种交尾箱比标准蜂箱节省材料，在交尾群的组织和调整过程中，无须特制巢脾。

6）小型交尾箱　小型交尾箱和交尾箱中的巢脾均比标准蜂箱小，巢脾的大小多与标准蜂箱的巢脾呈倍数关系。小型交尾箱在同等群势下，使蜂巢更接近球形，有利于交尾群的保温。但需要特制蜂箱和巢脾，多应用于专业育王场。

a.1/2 型交尾箱　箱的大小相当于巢箱的 1/4，巢内可用闸板分隔为 2 个小交尾区。此类型交尾箱的巢脾只有标准巢脾的 1/2，2 张小巢脾可拼接为一个标准巢脾。巢脾事先拼装成标准巢脾放入普通强群中育子和储存粉蜜。组织交尾群时，每个交尾区放入 2 张带有封盖子脾和储有粉蜜的小巢脾，交尾群的群势约合标准巢脾 1 足框。此类交尾群群势较适宜，且巢脾面积小，在同等群势下有利于交尾箱的保温，适用于专业育王蜂场。

将标准蜂箱分隔 4 个 1/2 型交尾区，分别不同方向开设巢门。这种形式的交尾箱不用特制蜂箱，低温季节有利于交尾群的保温。

b.1/4 型交尾箱　交尾箱的巢脾只有标准巢框的 1/4 面积，4 个 1/4 交尾箱的巢脾可拼接成一个标准巢脾。这种交尾群放 2 张小巢脾，群势约合标准巢脾的 0. 5 足框。这种类型交尾箱的箱型小，省材料，易陈列，可利用不同地形排列，用蜂经济。但是，除了具有 1/2 交尾箱的不足之处外，还是箱型小、群势弱的缺点，如管理不善，常为盗蜂所危害。

c. 微型交尾箱　为了更经济地利用蜜蜂，近年来交尾箱向更小的方向发展，微型交尾箱只有标准巢框的 1/8，甚至 1/20，每个交尾群只有 100 ~ 200 只蜜蜂。例如，国外有一种用绝热性较好的聚乙烯材料制成的高 115 毫米、长和宽各 75 毫米的微型交尾型，箱中可放入 2 个 70 毫米 × 70 毫米的小巢框。微型交尾箱的优缺点，都比 1/4 交尾箱更典型。

（2）交尾群的组织　群势较强的交尾群，应在诱入王台的前一天午后进行，保持 18 ~ 24 小时的无王期。微型交尾群可在组织交尾群的同时诱入王台。

1）标准巢框交尾群的组织　标准巢框交尾群的组织直接从正常蜂群

中带蜂提出封盖子脾和粉蜜脾，放入交尾群中组成新蜂群。组织交尾群或交尾区时，应保证有足够的蜜蜂和充足的粉蜜饲料。

2）双区交尾群、四区交尾群和 3 框交尾群的组织

a. 原场组织　在刚开始组织交尾群时，尽可能使蜜蜂密集，以减少因回蜂造成交尾群的群势过弱。在有可能的情况下，交尾区也可多放入 1 ~ 2 脾，1 ~ 2 天后交尾群中巢脾上的蜜蜂稀少时，再脱蜂抽出巢脾使其相对密集。在提脾组织交尾群的同时毁弃脾上王台，并注意不要把原群的蜂王提入交尾群。蜂王出台前发现蜜蜂飞返过多，应再补蜂。蜂王出台后不宜再补蜂，以免发生围王，可抽出巢脾使蜂脾相称。

b. 外场组织　在诱入王台前一天午后 2 ~ 4 点，从各强群中抽出所需的成熟封盖子脾、蜜粉脾和蜜蜂，混合组成 10 框的无王群，当晚将蜂群随同成熟王台一起运往交尾场。交尾箱事先排列好，蜂群运到后先喷水使蜜蜂安定，拆下装订物。每个交尾箱中分别带蜂放入封盖子脾和粉蜜脾各一脾，诱入王台组成交尾群。

3）原群用闸板分隔交尾小区的组织　诱台前一天午后，将 2 框粉蜜脾和 1 框老熟封盖子脾带蜂放入用闸板隔出一侧的交尾小区。组织交尾区应先查找到蜂王，避免将王提入交尾小区，同时毁弃王台。用闸板和覆布把交尾区与原群隔绝。

4）利用强群作为交尾群的组织　蜂群排列不能太整齐，尽量分散，以减少蜂王错投的可能。在提出蜂王后第二天诱入王台，同时要毁尽群内的所有自然王台。群势强的蜂群不易接受诱入的王台，在诱台时应对王台进行保护。

5）小型或微型交尾群的组织　小型或微型交尾群，应在原场组织，外场使用。因群势弱，蜜蜂不会破坏成熟王台，组织交尾群的同时，可直接诱入成熟王台。

在移虫后 10 天组织小型或微型交尾群。组织小型或微型交尾群，需 2 人协作，1 人先从强群中提取子脾和粉蜜脾小心地拆开，避免将附着脾上的蜜蜂惊飞。如果蜂数不足，再从强群内提取蜜蜂，抖入补充。最后装订完毕，关闭巢门，运到交尾场地。

（3）成熟王台的提取诱入　震动将会严重影响蜂王的发育。提取王台时育王框切忌抖蜂，必要时只能用蜂刷刷落育王框上的工蜂。对于大中型的交尾群，如组成时已有卵虫脾，则诱入王台后常遭到破坏，可用铁线绕成弹簧型的王台保护圈加以保护。也可采用香烟锡箔纸，代替王台保护圈包裹王台侧面。

（4）交尾群排列　交尾群的排列直接影响蜂王交尾的成功率。交尾群排列不得当易造成盗蜂，新王错投或飞失。交尾群周围空间应开阔，并使巢门朝不同的方向。交尾群多根据地形地势呈分散排列。如果交尾场的场地较大，也可将交尾箱单箱整齐排列，箱距和行距分别为 3 米和 5 米，相邻交尾群的巢门朝向不同。

（5）交尾群的管理　交尾群的管理工作，应围绕保证处女王出台前后的继续发育和尽快顺利交尾产卵进行。因此，交尾蜂群的饲养管理有自己的特点。

1）检查蜂群及蜂王情况　交尾群自诱台、出台、交尾、产卵，应做数次检查，并需制表记录。

诱台前一天，检查交尾群有无王台或蜂王以及蜂、子、蜜、粉等情况是否正常。

诱台后 1 ~ 2 天，检查诱入王台的接受情况，是否遭破坏，出台的处女王质量是否合格，并及时取出王台壳，以防蜂王钻入，自囚致死。

出台后 5 ~ 10 天，检查处女王交尾、产卵或损失等情况。检查的次数应结合气候和巢外观察而定。检查应避开处女王婚飞的时间，一般宜在午后 5 时左右进行。

出台后 12 ~ 13 天，检查新蜂王产卵情况。如气候、蜜源和雄蜂等条件均正常，但蜂王尚未产卵，或产卵不正常，均应剔除。

新王产卵后 3 ~ 5 天，或交尾群中巢脾已全部产满卵，应立即提用。小型或微型的交尾群，蜂王产卵后应立即提用。长期把新王留在小群内，就会因新王无产卵位置而导致腹部收缩，影响新王卵巢的正常发育，同时增加诱王困难。

2）交尾群的管理特点

a. 巢门管理　交尾群守卫能力较弱，特别是小型或微型交尾群。为防盗，巢门的大小以能容 1 ~ 2 只蜜蜂同时出入即可，午后可略放大。新王产卵后，应在巢口加上隔王栅片，以阻止其他蜂王错投，并防止逃群。

b. 奖饲和补饲　新王交尾期或产卵期，如果外界蜜粉源欠缺，应在傍晚饲喂，促使蜂王提早交尾、产卵。每次饲喂量应与群势相适应，不宜过多。饲喂时严防盗蜂。

c. 严防盗蜂　小交尾群一经被盗，常致崩溃，甚至波及整个交尾场，因此一切可能引起盗蜂的因素都要严密控制。如果发现交尾场出现盗蜂，应立即采取防盗措施。

d. 保温遮阴　小交尾群调节巢温能力弱，在气温较低的季节应注意采取适当的保温措施。在高温季节应避免阳光直射，加强通风遮阴。

e. 扑灭敌害　夏季胡蜂和蚂蚁常危害交尾群，应采取措施，勤加扑灭。

f. 交尾群的拆除　育王计划完成后，标准巢框交尾群采取合并或补强的方法处理。小型和微型交尾群应将所有的小交尾脾分类合并，连同附着的工蜂组成无王群，转移到大场补充到正常蜂群。加入的交尾群的巢脾易置于边脾外侧，等幼蜂完全出房后，妥善储存。

（6）提高交尾群效率的措施　从王台诱入到交尾群中，一般从王台诱入到提用蜂王需 12 ～ 14 天。为了缩短一个蜂王的交尾周期，提高交尾群的利用率，可采取在一只处女王正常交尾的同时，用王笼诱入交尾群另一只成熟的王台或处女王，当一只新蜂王交尾成功，产卵正常提用后，放出囚在王笼内的处女王，同时再用王笼诱入另一只成熟王台。采用这种方法提高交尾群的利用率，应保持交尾群内蜂、子、蜜、粉合理的数量。

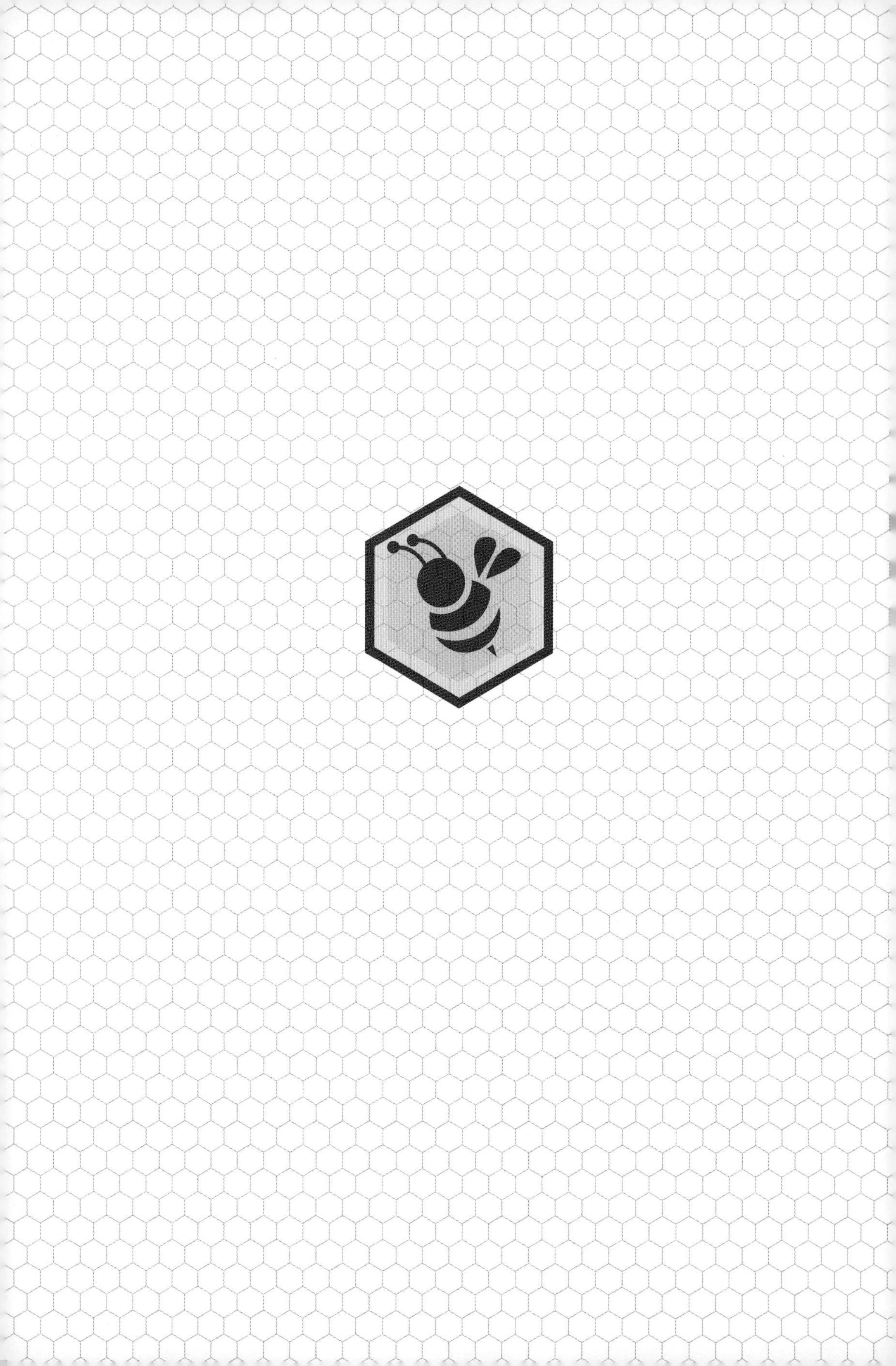

专题四

分阶段饲养管理技术

我国大部分地区，蜂群的停卵阶段在冬季，春季是恢复产卵、发展和分蜂阶段。所谓阶段管理，是根据季节将蜂群管理分为春、夏、秋和冬四个部分。养蜂主要目的是在生产阶段多取蜜浆，因此应尽量抓好蜂群的恢复，快速发展群势，提早分群，及时培养壮群，来迎接生产阶段。在定地和短距离小转地的蜂场，应保证在主要蜜源期保持强群，以夺取高产。而有些蜂场在本地主要蜜源过后，将进行远距离大转地以追花夺蜜，其生产期很长，因此在几个主要蜜源期都应保持强群。所以蜜蜂的阶段饲养管理，应因时因地制宜，灵活运用。这里主要介绍共性的部分，特殊性的只做简单介绍。

一、科学春繁是夺取丰收的基础

蜂群春季增长阶段管理的一切工作都应围绕着创造蜂群快速增长的条件和克服不利蜜蜂群势增长的因素进行。其他季节的流蜜期前蜂群增长阶段管理可参照春季管理进行。

1. 选择放蜂场地

放蜂场地的优劣将会直接影响蜂群的发展和生产。蜂群春季增长阶段的场地要求是周围一定要有良好的蜜粉源，粉源尤其更重要，因为幼虫的发育花粉是不可缺少的，粉源不足就会影响蜂群的恢复和发展。虽然可以补饲人工蛋白质饲料，但是饲喂效果远不如天然花粉。蜂群增长阶段中后期，群势迅速壮大，糖饲料消耗增多，此时养蜂场地的蜜源就显得非常重要。蜂群春季的养蜂场地，初期粉源一定要丰富，中、后期则要蜜粉源同时兼顾。

蜂群增长阶段理想的蜜源条件是蜂群的进蜜量等于耗蜜量，也就是蜂箱内的储蜜不增加也不减少。蜜源不足，蜂群将自行调节蜂王的产卵量，影响蜜蜂群势增长；流蜜量大，采进的花蜜挤占了蜂王产卵巢房，影响蜂王产卵速度；蜂群采集工作强度加大，缩短工蜂寿命等，致使蜂群的发展受到影响。在养蜂实践中优先选择蜂群储蜜量缓慢增长的蜜源，如果在储蜜量缓慢减少的蜜源场地，则需奖励饲喂。

春季蜂场应选择在干燥、向阳、避风的场所放蜂，最好在蜂场的西、北两个方向有挡风屏障。如果蜂群只能安置在开阔的田野，就需用土墙、篱笆等在蜂箱的北侧和西侧阻挡寒冷的西北风。冷风吹袭使巢温降低，不利于蜂群育子，并迫使蜜蜂消耗大量的储蜜，加强代谢产热，加速了工蜂衰老。为蜂群设立挡风屏障是北方春季管理的一项不可忽视的措施。

2. 促使越冬蜂排泄飞翔

正常蜜蜂都在巢外飞翔中排泄。越冬期间蜜蜂不能出巢活动，消化产生的粪便只能积存在直肠中。在越冬比较长的地方，越冬后期蜜蜂直肠的积粪量常达自身体重的50%。到了冬末，由于腹中粪便的刺激，蜜蜂不能再保持安静的状态，从而使蜂团中心的温度升高。巢温升高，则需耗更多饲料，因此就会增加腹中的积粪量。如果不及时促使越冬蜂出巢排泄，蜂群就会消化不良引起下痢病，缩短越冬蜂寿命。因此，在蜂群越冬末期的适当时间，必须创造条件让越冬蜂飞翔排泄。

3. 箱外观察越冬蜂的出巢表现

在越冬蜂飞翔排泄的同时，应在箱外注意观察越冬工蜂的出巢表现。越冬顺利的蜂群，蜜蜂体色鲜艳，腹部较小，飞翔有力敏捷，排泄的粪便少，常像高粱粒般大小的一个点，或像线头一样的细条。蜂群越强，飞出的蜂越多。蜜蜂体色暗淡，腹部膨大，行动迟缓，排泄的粪便多，像玉米粒大的一片，排泄在蜂箱附近，有的蜜蜂甚至就在巢门踏板上排泄，这表明蜂群因越冬饲料不良或受潮湿影响患了下痢病。蜜蜂从巢门爬出来后，在蜂箱上无秩序地乱爬，用耳朵贴近箱壁，可以听到箱内有混乱的声音，表明该蜂群有可能失王。在绝大多数的蜂群已停止活动，而少数蜂群仍有蜜蜂不断地飞出或爬出巢门，发出不正常的嗡嗡声，同时发现部分蜜蜂在箱底蠕动，并有新的死蜂出现，且死蜂的吻足伸长时，则表明巢内严重缺蜜。

4. 蜂群快速检查

快速检查的主要目的是查明储蜜、群势及蜂王等情况。早春快速检查，一般不必查看全部巢脾。打开箱盖和副盖，根据蜂团的大小、位置等就能大概判断群内的状况。如果蜂群保持自然结团状态，表明该群正常，可不再提脾查看。如果蜂团处于上框梁附近，则说明巢脾中部缺蜜。如果蜂群散团，则可能失王，应提脾仔细检查。

5. 蜂巢整顿和防螨消毒

蜂群经过排泄飞翔后，蜂王产卵量逐渐增多。但是蜂王过早地大量产卵，外界气温低，蜂群为维持巢温付出的代价很高，而育子的效率则很低。巢内的饲料消耗完而外界还没有出现蜜粉源，就会出现巢内死亡的蜜蜂多于出房的新蜂的现象。蜂群过早地开始育子，对养蜂生产并非有利。在一定的情况下，还需采取撤出保温、加大蜂路等降低巢温的措施限制蜂王产卵。蜂群紧脾时间多在第一个蜜粉源花期前 20 ~ 30 天。

蜂巢整顿应在晴暖无风的天气进行。先准备好用硫黄熏蒸消毒过的粉蜜脾和已清理并用火焰消毒过的蜂箱，用来依次换下越冬蜂箱，以减少疾病发生和控制螨害。操作时将蜂群搬离原位，并在原箱位放上一个清理消毒过的空蜂箱，箱底撒上少许的升华硫，每框蜂用药量为 0.5 ~ 1.0 克，再放入适当数量的巢脾。原箱巢脾提出，将蜜蜂抖入更换箱内的升华硫上，以消灭蜂体上的蜂螨。去除换下蜂箱内的死蜂、下痢、霉点等污物，用喷灯消毒后，再换给下一群蜜蜂。蜂群早春恢复期应蜂多于脾，越弱的蜂群紧脾的程度越高，1.5 ~ 2.5 足框蜂放 1 张脾，2.5 ~ 3.5 足框蜂放 2 张脾，

3.5 ~ 4.5 足框蜂放 3 张脾，4.5 ~ 5.5 足框蜂放 4 张脾。

早春紧脾饲养蜂多脾少，巢脾质量以及巢脾中的饲料数量对蜂群的恢复和发展非常重要。蜂群第一批巢脾应选择培育过 2 ~ 3 批虫蛹的浅褐色巢脾，且脾面完整、平整。

蜂群早春恢复初期是防治蜂螨的最好时机，必须在子脾封盖之前将蜂螨种群数量控制在较低的水平，保证蜂群顺利发展。对于蜂群内少量的封盖子，须割开房盖用硫黄熏蒸。彻底治螨时，无论封盖子有多少都不能保留，一律提出割盖熏蒸。

6. 适当进行蜂群保温

蜂群保温，早春增长阶段比越冬停卵阶段更重要。蜂群保温不良，则多耗糖饲料、缩短工蜂寿命、幼虫发育不良。特别是当寒流来临时，蜂团紧缩会冻死外围子脾上的蜂子。但是，蜂群保温应适度，过度保温危害更大。

1）箱内保温　把巢脾放在蜂箱的中部，其中一侧用闸板封隔，另一侧用隔板隔开，闸板和隔板外侧均用保温物填充。框梁上盖覆布，在覆布上再加盖上 3 ~ 4 层报纸，把蜜蜂压在框间蜂路中。盖上铁纱副盖后再加保温垫。

2）箱外保温　用无毒的塑料薄膜，铺在地上，垫一层 10 ~ 15 厘米厚的干稻草或谷草，各蜂箱紧靠，“一”字形排列放在干草上，蜂箱间的缝隙也用干草填满。蜂箱上覆盖草帘，最后用整块的塑料薄膜盖在蜂箱上。箱后的薄膜压在箱底，两侧需包住边上蜂箱的侧面。到了傍晚把塑料薄膜向前拉伸，覆盖住整个蜂箱。单箱排列的蜂群外包装，可在蜂箱四周用干草编成的草帘捆扎严实，蜂箱前面应留出巢门。箱底也应垫上干草，箱顶用石块将草帘压住。

3）双群同箱保温　2 ~ 2.5 足框的蜂群紧脾时只能放入一个巢脾，这样的蜂群可用双群同箱饲养来加强保温。在蜂箱的中部用闸板隔开，闸板两侧各放一巢脾，各放入一群 2 ~ 2.5 足框的蜂群，分别巢门出入。加强箱内外保温。

4）联合饲养保温　几个弱群合并为一群，只留一个蜂王产卵。其余的蜂王用王笼囚起来，悬吊在蜂巢中间，到适宜的时候再组织成双王群饲养。还可以用 24 框横卧式蜂箱隔成几个区，放入 3 ~ 4 个小蜂群组成多群同箱进行联合饲养。

7. 蜂群全面检查

蜂群经过调整后，选择 14℃以上晴暖无风的天气进行蜂群的全面检查，对全场蜂群详细摸底。蜂群的全面检查最好是在外界有蜜粉源时进行，以防发生盗蜂，造成管理上的麻烦。全面检查应做详细的记录，及时填好蜂群检查记录表。此后应每隔 11 ~ 12 天定期全面检查一次，及时了解全场蜂群恢复发展情况。在蜂群全面检查时，还应根据蜂群的群势增减巢脾，并清理巢脾框梁上和箱底的污物。

8. 蜂群饲喂

保证巢内饲料充足，及时补充粉蜜饲料，避免因饲料不足对蜂群的恢复和发展造成影响。在采取人工饲喂蜜蜂蛋白质饲料措施后，应连续饲喂至外界粉源充足，不可无故中断饲喂。为了刺激蜂王产卵和工蜂哺育幼虫，蜂群度过恢复期后应连续奖励饲喂，促进蜂王产卵和工蜂育子。此阶段糖饲料的饲喂，多将补助饲喂和奖励饲喂两种形式结合。在饲喂操作中，须避免粉蜜压脾和防止盗蜂。为了减少蜜蜂低温采水冻僵巢外，应在蜂场饲水，并在饲水的同时，给蜂群提供矿物质盐类。

9. 适时扩大产卵圈和加脾扩巢

适时加脾扩大卵圈，是春季养蜂的关键技术之一。加脾扩巢过早，寒流侵袭蜂团收缩，冻死外圈子脾上的蜂子；加脾扩巢过迟，蜂王产卵受限，影响蜂群的增长速度。蜂群加脾扩巢可能影响蜂群保温。早春蜂群恢复期不加脾。

蜂群度过恢复期后，群势开始缓慢上升。早期气温较低，群势偏弱，蜂群扩巢应慎重。初期扩巢可先采取用割蜜刀分期将子圈上面的蜜盖割开，并在割盖后的蜜房上喷少许温水，促蜂把子圈外围的储蜜消耗，扩大蜂王产卵圈。割蜜盖还能起到奖饲的作用。蜜压子脾还可将子脾上的蜂蜜取出来扩大卵圈。蜂王产卵常常偏集在巢脾的前部，可将子脾间隔调头扩巢。蜂巢中脾间子房与蜜房相对，破坏了子圈完整，蜜蜂将子房相对的巢房中储蜜清空，提供蜂王产卵，以促使子圈扩大到整个巢脾。

蜂群加脾应同时具备 3 个条件：巢内所有巢脾的子圈已满，蜂王产卵受限；群势密集，加脾后仍能保证护脾能力；扩大卵圈后蜂群哺育力足够。初期空脾多加在子脾的外侧。万一加脾后寒流来袭，蜂团紧缩，冻伤蜂卵损失较小。气温稳定回升，蜜蜂群势较强可将空脾直接插入蜂巢中间，有利于蜂王在此脾更快产卵。

春季蜂群的蜂脾关系一般为先紧后松，也就是早春蜂多于脾，随着外界气候的回暖，蜜源增多，群势壮大，蜂脾关系逐渐转向蜂脾相称，最后脾多于蜂。当蜂群内的巢脾数量达到 9 张时，标志着蜂群进入幼蜂积累期，此时暂缓加脾。箱内的巢脾已能满足蜂王产卵的需要。蜂群逐渐密集到蜂脾相称时，再进行育王、分群、产浆、强弱互补和加继箱组织采蜜群等措施。

单箱饲养的蜂群加继箱后，巢内空间突然增加一倍，不利保温，同时也增加了饲料消耗。但是，不加继箱蜂巢拥挤，容易促使蜂群产生分蜂热。可采取分批上继箱解决这一矛盾。先调整一部分蜂群上继箱，从巢箱中抽调 5 ~ 6 个新封盖子脾、幼虫脾和多余的粉蜜脾到继箱上，巢箱内再加入空脾或巢础框，供造脾和产卵。巢继箱之间加平面隔王栅，将蜂王限制在巢箱中产卵。再从暂不上继箱的蜂群中，带蜂抽调 1 ~ 2 张老熟封盖子脾加入到邻近的巢箱中。不上继箱的蜂群也加入空脾或巢础框供蜂产卵。加继箱蜂群巢继箱的巢脾数应一致，均放在蜂箱中的同一侧，并根据气候条件在巢箱和继箱的隔板外侧酌加保温物。待蜜蜂群势再次发展起来后，从继箱强群中抽出老熟封盖子脾，帮助单箱群上继箱。加继箱时，巢脾提入继箱谨防蜂王误提到继箱。

10. 蜂群强弱互补

为了促使产卵迟的蜂群尽快育子，可从已产卵的蜂群中抽出卵虫脾加入未产卵的蜂群。既能充分利用未产卵蜂群的哺育力，又能刺激蜂王开始产卵。

早春气温低，弱群因保温和哺育能力不足，产卵圈扩大有限，易将弱群的卵虫脾适当调整到强群，另调空脾让蜂王产卵。从较强蜂群中调整正在羽化出房的封盖子给弱群，以加强弱蜂群的群势。强弱互补可减轻弱群的哺育负担，迅速加强弱群的群势，又可充分利用强群的哺育力，抑制强群分蜂热。春季蜂群发展阶段，尽可能保持 8 ~ 10 足框最佳增长群势。

蜜蜂群势低于 8 足框，不宜抽出封盖子脾补充弱群。

11. 尽早育王、及时分群

尽早育王、及时分群，对提高蜂王的产卵力，培养和维持强群，增加蜂群的数量，扩大养蜂生产规模，增加经济效益均有着重要的意义。

越冬后的蜂王，多为前一年秋季，甚至是前一年春季增长阶段培育的，不及时换王，可能影响蜜蜂群势的快速增长和维持强群。人工育王时间受气候影响各地有所不同，多在全场蜂群普遍发展到 6 ~ 8 足框时进行。提早育王至少需见到雄蜂出房。春季第一次育王时的蜜蜂群势普遍不强，为保证培育蜂王的质量和数量，人工育王应分 2 ~ 3 批进行。

春季增长阶段进行人工分群，应在保证采蜜群组织的前提下进行。根据蜜蜂群势和距离主要蜜源泌蜜的时间，相应采取单群平分、混合分群、组织主副群、补强交尾群和弱群等方法，增加蜂群数量。

12. 控制分蜂热

春季蜂群增长阶段的中后期，群势迅速壮大。当蜂群达到一定的群势时，就会产生分蜂热。出现分蜂热的蜂群既影响蜂群的发展，又影响生产。所以，在增长阶段中后期应注意采取措施，控制分蜂热。

二、夏季是蜂业生产的收获阶段

夏季总体上气候适宜、蜜粉源丰富、蜜蜂群势强盛，是周年养蜂环境最好的阶段。但也常受到不良天气和其他不利因素的影响而使蜂蜜减产，如低温、阴雨、干旱、洪涝、大风、冰雹，蜜源的长势、大小年、病虫害以及农药危害等。蜂蜜生产阶段可分为初期、盛期和后期，不同时期养蜂条件的特点也有所不同。流蜜阶段初盛期蜜蜂群势达到最高峰，蜂场普遍存在不同程度分蜂热，天气闷热和泌蜜量不大时，常发生自然分蜂。流蜜阶段的中后期因采进的蜂蜜挤占育子巢房，影响蜂王产卵，甚至人为限卵，巢内蜂子锐减。高强度的采集使工蜂老化，寿命缩短，群势大幅度下降。在流蜜期较长、几个主要蜜源花期连续或蜜源场地缺少花粉的情况下，蜜蜂群势下降的问题更突出。流蜜后期蜜蜂采集积极性和主要蜜源泌蜜减少或枯竭的矛盾，导致盗蜂严重。尤其在人为采收蜂蜜不当的情况下，更加剧了盗蜂的程度。

（一）组织蜂群

在养蜂生产中，由于种种原因很难做到在主要蜜源花期到来之前，全场的蜂群全部都能培养成强大的采蜜群。因此，我们应根据蜂群、蜜源等特点，采取不同的措施，组织成强大的采蜜群，迎接流蜜阶段的到来。组织意大利蜂采蜜群，可以采取下述方法：

1. 加继箱

在大流蜜期开始前 30 天，将蜂数达 8 ~ 9 足框、子脾数达 7 ~ 8 足框的单箱群添加第一继箱。从巢箱内提出 2 ~ 3 个带蜂的封盖子脾和框蜜脾放入继箱。从巢箱提脾到继箱，应在巢箱中找到蜂王，以避免将蜂王误提入继箱。巢箱内加入 2 张空脾或巢础框供蜂王产卵。巢箱与继箱之间加隔王栅，将蜂王限制在巢箱产卵。继箱上的子脾应集中在两个蜜脾之间，外加隔板，天气较冷还需进行箱内保温。提上继箱的子脾如有卵虫应在第

7 ~ 9 天彻底检查一次，毁除改造王台，以免处女王出台发生事故。

2. 蜂群调整

在蜂群增长阶段中后期，通过群势发展的预测分析，估计到蜂蜜生产阶段，蜜蜂群势达不到采蜜生产群的要求，可根据距离主要蜜源花期的时间来采取调入卵虫脾、封盖子脾等措施。

主要蜜源花期前 30 天左右，可以从副群中抽出卵虫脾补充主群。补充卵虫脾的数量要与该群的哺育力和保温能力相适应，必要时可分批加入卵虫脾。距离蜂蜜生产阶段 20 天左右，可以把副群或特强群中的封盖子脾补给近满箱的中等蜂群。蜂蜜生产阶段前 10 天左右，采蜜群的群势不足，可补充正在出房的老熟封盖子脾。

3. 蜂群合并

距离蜂蜜生产阶段 15 ~ 20 天，可将两个中等群势的蜂群合并组织采蜜群。合并时，应以蜂王质量好的一群作为采蜜群。将另一群的蜂王淘汰，所有蜜蜂和子脾均并入主群；也可以将蜂王连带 1 ~ 2 框卵虫脾和粉蜜脾带蜂提出，另组副群，其余的蜂脾并入采蜜群。

（二）蜂蜜生产阶段蜂群管理要点

流蜜期蜂群一般的管理原则是：维持强群，控制分蜂热，保持蜂群旺盛的采集积极性；减轻巢内负担，加强采蜜力量，创造良好的采酿蜜环境；努力提高蜂蜜的质量和产量。此外，还应兼顾流蜜期后的下一个阶段蜂群管理。

1. 处理采蜜与繁殖的矛盾

主要蜜源花期蜂群势下降很快，往往在蜂蜜生产阶段后期或结束时后继无蜂，直接影响下一个阶段蜂群的恢复发展、生产或越夏越冬。如果蜂蜜生产阶段采取加强蜂群发展的措施，又会造成蜂群中蜂子哺育负担过重，影响蜂蜜生产。在蜂蜜生产阶段，蜂群的发展和蜂蜜生产是一对矛盾。解决这一矛盾可采取主副群的组织和管理，即组织群势强的主群生产和群势较弱的副群恢复和发展。在流蜜期中，一般用强群、新王群、单王群取蜜，弱群、老王群、双王群恢复和发展。

2. 适当限王产卵

蜂王所产下的卵，约需 40 天才能发育为适龄采集蜂。在一般的主要蜜源花期中培育的卵虫，对该蜜源的采集作用很小，而且还要消耗饲料，加重巢内工作的负担，影响蜂蜜产量。因此，应根据主要蜜源花期的长短和前后主要蜜源花期的间隔来适当地控制蜂王产卵。

在短促而丰富的蜜源花期，距下一个主要蜜源花期或越夏越冬期还有一段时间，就可以用框式隔王栅和平面隔王栅将蜂王限制在巢箱中仅 2 ~ 3 张脾的小区内产卵，也可以用蜂王产卵控制器限制蜂王。如果主要蜜源花期长，或距下一个主要蜜源花期时间很近，在进行蜂蜜生产的同时，还应为蜂王产卵提供条件，兼顾蜂群增长，或由副群中抽出封盖子脾，来加强主群的后继力量。长途转地的蜂群连续追花采蜜，则应边采蜜边育子，这样才能长期保持采蜜群的群势。

3. 断子取蜜

蜂蜜生产阶段的时间较短，但流蜜量大的蜜源，可在蜂蜜生产阶段开始前5天，去除采蜜群蜂王，或带蜂提出1 ~ 2脾卵虫粉蜜和蜂王另组小群。第二天给去除蜂王的蜂群诱入一个成熟的王台。处女王出台、交尾、产卵需要10天左右。也可以采取囚王断子的方法，将蜂王关进囚王笼中，放在蜂群中。这样处理可在流蜜前中期减轻巢内的哺育负担，使蜂群集中采蜜；而流蜜后期或流蜜期后蜂王交尾成功，蜂群便有一个产卵力旺盛的新蜂王，有利于蜂群流蜜期后群势的恢复。断子期不宜过长，一般为15 ~ 20天。断子期结束，在蜂王重新产卵后子脾未封盖前治螨。

4. 抽出卵虫脾

蜂蜜生产阶段采蜜主群的卵虫脾过多，可将一部分的卵虫脾抽出放到副群中培育，还可根据情况同时从副群中抽出老熟封盖子脾补充给采蜜主群，以此增加蜂蜜的产量。

5. 调整蜂路

蜂蜜生产阶段采蜜群的育子区蜂路仍保持8 ~ 10毫米。储蜜区为了加强巢内通风，促使蜂蜜浓缩和使蜜脾巢房加高，多储蜂蜜，便于切割蜜盖，巢脾之间的蜂路应逐渐放宽到15毫米，即每个继箱内只放8个巢脾。

6. 及时扩巢

流蜜期及时扩巢是蜂蜜生产的重要措施。流蜜期间蜂巢内空巢脾能够刺激工蜂的采蜜积极性。及时扩巢，增加巢内储蜜空脾，保证工蜂有足够储蜜的位置是十分必要的。蜂蜜生产阶段采蜜群应及时加足储蜜空脾。若空脾储备不足，也可适当加入巢础框。但是在流蜜阶段造脾，会明显影响蜂蜜的产量。

储蜜继箱的位置通常在育子巢箱的上面。根据蜜蜂储蜜向上的习性，当第一继箱已储蜜 80%时，可在巢箱上增加第二继箱；当第二继箱的蜂蜜又储至 80%时，第一继箱就可以脱蜂取蜜了。取出蜂蜜后再把此继箱加在巢箱之上。也可加第三、第四继箱，流蜜阶段结束再集中取蜜。空脾继箱应加在育子区的隔王栅上。

7. 加强通风和遮阴

流蜜阶段将巢门开放到最大限度，揭去纱盖上的覆布，放大蜂路等。同时蜂箱放置的位置也应选择在阴凉通风处。在夏秋季节的蜂蜜生产阶段应加强蜂群遮阴。

8. 取蜜原则

蜂蜜生产阶段的取蜜原则应为初期早取，盛期取尽，后期稳取。流蜜初期尽早取蜜能够刺激蜂群采蜜的积极性，也有利于抑制分蜂热；流蜜盛期应及时取出储蜜区的全部成熟蜜，但是应适当保留育子区的储蜜，以防天气突然变化，出现蜂群拔子现象；流蜜后期要稳取，不能所有蜜脾都取尽，以防蜜源突然中断，造成巢内饲料不足和引发盗蜂。在越冬前的蜂蜜生产阶段还应储备足够的优质蜂盖蜜脾，以作为蜂群的越冬饲料。

（三）夏末秋初蜂群管理

夏末秋初蜂群管理是我国南方各省周年养蜂最困难的阶段，越夏后一般蜂群的群势下降约 50%。如果管理不善，此阶段易造成养蜂失败。

我国南方气候炎热、粉蜜枯竭、敌害严重。南方蜂群夏秋困难最主要的原因是外界蜜粉源枯竭。蜂群生存和发展必然要受外界蜜粉源条件和巢内饲料储存所限。另外，许多依赖粉蜜为食的胡蜂，在此阶段由于粉蜜源不足而转向危害蜜蜂。江浙一带6～8月，闽粤地区7～9月，天气长时间持续高温，外界蜜粉缺乏、敌害猖獗、蜂群减少活动，蜂王产卵减少甚至停卵。新蜂出房少，老蜂的比例逐渐增大，群势也逐日下降。由于群势小，调节巢温能力弱，常常巢温过高，致使卵虫发育不良，造成蜂卵干枯，虫蛹死亡，幼蜂卷翅。

为了使蜂群安全地越夏度秋，在蜂群进入夏秋停卵阶段之前，必须做好补充饲料、更换蜂王、调整群势等准备工作。

蜂群夏秋停卵阶段管理的要点是：选好场地，降低巢温，避免干扰，减少活动，防止盗蜂，捕杀敌害，防蜂中毒。

（1）选场转地　在蜜粉源缺乏，敌害多，炎热干燥的地区，或夏秋经常喷施农药的地方，应选择敌害较少，有一定蜜粉源和良好水源的地方，作为蜂群越夏度秋的场所。华南地区蜂群越夏的经验是海滨越夏和山林越夏。

（2）通风遮阴　夏末秋初，切忌将蜂箱露置在阳光下暴晒，尤其是在高温的午后。蜂群应放置在比较通风、阴凉开阔、排水良好的地面，如果没有天然林木遮阴，还应在蜂箱上搭盖凉棚。为了加强巢内通风，脾间蜂路应适当放宽（图4-1）。

图4-1　树荫下的蜂场

（3）调节巢门　为了防止敌害侵入，巢门的高度最好控制在 7 ~ 8 毫米，必要时还可以加几根铁钉。巢门的宽度则应根据蜂群的群势而定，一般情况下，以每框蜂巢门放宽 15 毫米为宜。如果发现工蜂在巢门剧烈扇风，还应将巢门酌量开大。

（4）降温增湿　高温季节蜂群主要依靠巢内的水分蒸发吸收热量使巢温降低。蜂群在夏秋高温季节对水的需求量很大。如果蜂群放置在无清洁水源的地方，就需要对蜂群进行饲水。此外，还需在蜂箱周围、箱壁洒水降温。

（5）保持安静，防止盗蜂　将蜂放置在比较安静的场所，避免周围嘈杂、震动和产生烟雾。尽量减少开箱，夏秋季开箱扰乱蜂群的安宁，也会影响蜂群巢内的温湿度，并且还易引起盗蜂。南方大多数地区，夏末秋初都缺乏蜜粉源，是容易发生盗蜂的季节。正常情况下蜂群越夏度秋都有困难，如果再发生盗蜂就更危险了。所以，在蜂群夏秋停卵阶段的管理中，必须采取措施严防盗蜂。

三、秋冬管理是来年生产的保障

在我国北方，冬季气候严寒，蜂群需要在巢内度过漫长的冬季。蜂群越冬是否顺利，将直接影响来年春季蜂群的恢复发展和蜂蜜生产阶段的生产，而秋季蜂群的越冬前准备又是蜂群越冬的基础。所以，北方秋季蜂群越冬前的准备工作对蜂群安全越冬至关重要。

适龄越冬蜂是北方秋季培育的，未经参加哺育和高强度采集工作，又经充分排泄，能够保持生理青春的健康工蜂。在此阶段的前期更换新王，促进蜂王产卵和工蜂育子，加强巢内保温，培育大量的适龄越冬蜂。后期应采取适时断子和减少蜂群活动等措施保持蜂群实力。此外，在适龄越冬蜂的培育前后还需彻底治蜂螨，在培育越冬蜂期间还需防病，储备越冬饲料。

只有适龄越冬蜂度过北方寒冷而又漫长的冬天后才能够正常培育蜂子，参加过高强度采集、哺育和酿蜜工作，或出房后没有机会充分排泄的工蜂，都无法安全越冬。培育适龄越冬蜂既不能过早，也不能过迟。过早，培育出来的新蜂将会参加采酿蜂蜜和哺育工作；过迟，培育的越冬蜂数量不足，甚至最后一批的越冬蜂来不及出巢排泄。因此，在有限的越冬蜂培育时间内，要集中培养出大量的适龄越冬蜂，就需要有产卵力旺盛的蜂王和采取一系列的管理措施。

（一）适龄越冬蜂培育

适龄越冬蜂群管理可分为三部分：适龄越冬蜂培育的蜂群准备，适龄越冬蜂的培育，蜂群停卵断子。

1. 适龄越冬蜂培育的蜂群准备

北方秋季越冬准备阶段的前期工作围绕着促进蜂王产卵、提供充足的营养、创造适宜的巢温、培育大量健康工蜂等进行。

（1）更换蜂王　为了大量集中地培育适龄越冬蜂，就应在初秋培育出一批优质的蜂王，以淘汰产卵力开始下降的老蜂王。在更换蜂王之前，应对全场蜂群中的蜂王进行一次鉴定，以便分批更换。

（2）选择场地 培育适龄越冬蜂，粉源比蜜源更重要。如果在越冬蜂培育期间蜜多粉少就应果断地放弃采蜜，将蜂群转到粉源丰富的场地进行饲养。

（3）保证巢内粉蜜充足 培育适龄越冬蜂期间，应有意识地适当造成蜜粉压卵圈，使每个子脾面积只保持在60%～70%，让越冬蜂在蜜粉过剩的环境中发育。

（4）扩大产卵圈 产卵圈受储蜜压缩严重，影响蜂群发展，就应及时把子脾上的封盖蜜切开扩大卵圈。此阶段一般不宜加脾扩巢。

（5）奖励饲喂 培育适龄越冬蜂应结合越冬饲料的储备连续对蜂群奖励饲喂，以促进蜂王积极产卵。奖励饲喂应在夜间进行，严防盗蜂发生。

（6）适当密集群势 秋季气温逐渐下降，蜂群也常因采集秋蜜而群势逐渐衰弱。为了保证蜂群的护脾能力，应逐步提出余脾，使蜂脾相称。同时将蜂路缩小到9～10毫米。

（7）适当保温 北方的日夜温差很大，中午热晚上冷。为了保证蜂群巢内育子所需要的正常温度，应及时做好蜂群的保温工作。

2. 适龄越冬蜂的培育

适龄越冬蜂培育过程中的蜂群管理是适龄越冬蜂培育准备的延续，在饲养管理中没有明显的分界。在此时期更注重促进蜂王产卵、提供蜂子发育条件。

全国各地气候和蜜源不同，适龄越冬蜂培育的起止时间也不同。东北和西北越冬蜂培育起止时间为8月中下旬至9月中旬；华北为9月上旬至9月末或10月初。一般来说，纬度越高的地区，培育越冬蜂的起止时间就越提前。确定培育越冬蜂起止时间的原则是：在保证越冬蜂不参加哺育和采集酿蜜工作的前提下，培育的起始时间越早越好。一般为停卵前25 ~ 30天开始大量培育越冬蜂；截止时间应在保证最后一批工蜂羽化出房后能够安全出巢排泄的前提下越迟越好，也就是应该在蜜蜂能够出巢飞翔的最后日期之前30天左右采取停卵断子措施。

3. 蜂群停卵断子

从蜂王停卵到蜂群越冬，可分为蜂群有子期和无子期。蜂群有子期20 ~ 21天，在此期间蜂群管理的重点工作是控制蜂王产卵，保证蜂巢良好的发育温度；无子期蜂群管理的重点工作是降低巢温、控制工蜂出勤。

北方秋季最后一个蜜源结束后，气温开始下降，蜂王产卵减少，子圈逐渐缩小，此时就应及时地停卵断子。在外界蜜源泌蜜结束、巢内子脾最多或蜂王产卵刚开始下降时，就应果断地采取措施使蜂王停卵。停卵断子的主要方法是限王产卵和降低巢温。

限制蜂王产卵是断子的有效手段。用框式隔王栅把蜂王限制在1 ~ 2框蜜粉脾上或用王笼囚王，应注意在囚王断子后7 ~ 9天彻底检查毁弃改造王台。囚王期间，应继续保持稳定的巢温，以满足最后一批适龄越冬蜂发育的需要。

囚王20 ~ 21天后，封盖子基本全部出房，可释放蜂王，通过降低巢温的手段限制蜂王再产卵。蜂王长期关在王笼中对蜂王有害。降低巢温可采取扩大蜂路到15 ~ 20毫米，撤除内外保温物，晚上开大巢门，将蜂群迁到阴冷的地方，巢门转向朝向北面等措施，迫使蜂王自然停卵。采取降低巢温措施应在最后一批蜂子全部出房以后。

（二）储备越冬饲料

在秋季为蜜蜂储备优质充足的越冬饲料，保证蜂群安全越冬是蜂群越冬前准备阶段管理的重要任务之一。

1. 选留优质蜜粉脾

在秋季主要蜜源花期中，应分批提出不易结晶、无甘露蜜的封盖蜜脾，并作为蜂群的越冬饲料妥善保存。选留越冬饲料的蜜脾，应挑选脾面平整、雄蜂房少、并培育过几批虫蛹的浅褐色优质巢脾，放入储蜜区中让蜜蜂储满蜂蜜。

在粉源丰富的地区还应选留部分粉脾，以用于来年早春蜜蜂群势的恢复和发展。

2. 补充越冬饲料

越冬蜂群巢内的饲料一定要充足。蜂群越冬饲料的储备，应尽量在流蜜期内完成。如果秋季最后一个流蜜期越冬饲料的储备仍然不够，就应及时用优质的蜂蜜或白砂糖补充。补充越冬饲料应在蜂王停卵前完成。

补充的越冬饲料最好是优质、成熟、不结晶的蜂蜜。蜜和水按 10 ∶ 1 的比例混合均匀后补饲给蜂群。没有蜂蜜也可用优质的白砂糖代替。绝对不能用甘露蜜、发酵蜜、来路不明的蜂蜜以及土糖、饴糖、红糖等作为越冬饲料。

（三）严防盗蜂

北方秋季往往是盗蜂发生最严重的季节。此阶段发生盗蜂，处理不当就更会使养蜂失败。

（四）巢脾清理和保存

秋季蜜蜂的群势逐渐下降。在蜂群管理中，此阶段应保证蜂脾相称，及时抽出多余的巢脾。抽出的巢脾对第二年蜂群的恢复和发展非常重要，应及时地进行分类、清理、淘汰旧脾和熏蒸保存。

（五）越冬蜂群的调整和布置

在蜂群越冬前应对蜂群进行全面检查，并逐步对群势进行调整，合理地布置蜂巢。越冬蜂群的强弱，不仅关系越冬安全，而且对来年春天蜂群的恢复和发展也有大的影响。越冬蜂群的群势调整，要根据当地越冬期的长短和第二年第一个主要蜜源的迟早来决定。越冬期长，来年第一个主要蜜源花期早，就需有较强群势的越冬蜂群。北方蜂群越冬期长达4 ~ 5个月，强群越冬的优势比较明显；长江中下游地区虽然越冬期较短，但来年第一个主要蜜源花期早，群势也应稍强一些。北方越冬蜂的群势最好能达到7 ~ 8足框以上，最低也不能少于 3 足框；长江中下游地区越冬蜂的群势应不低于 2 足框。越冬蜂群的群势调整，应在秋末适龄越冬蜂的培育过程中进行。预计越冬蜂的群势达不到标准，就应从强群中抽补部分的老熟封盖子脾，以平衡群势。

蜂群越冬蜂巢的布置，一般将全蜜脾放于巢箱的两侧和继箱上，半蜜脾放在巢箱中间。多数蜂场的越冬蜂巢布置是脾略多于蜂。越冬蜂巢的脾间蜂路可放宽到 15 ~ 20 毫米。

1. 双群平箱越冬

2 ~ 3 足框的弱群在北方也能越冬，只是越冬后的蜂群很难恢复和发展。这样的弱群除了在秋季或春季合并外，还可以采取双群平箱越冬。将巢箱用闸板隔开，两侧各放入一群这样的弱群。在闸板两侧放半蜜脾，外侧放全蜜脾，使越冬蜂结团在闸板两侧。

2. 单群平箱越冬

5 ~ 6 足框的蜂群单箱越冬，巢箱内入 6 ~ 7 张脾；巢脾放在蜂箱的中间，两侧加隔板，中间的巢脾放半蜜脾，全蜜脾放在两侧。

3. 单群双箱体越冬

7 ~ 8 足框蜂群采用双箱体越冬，巢、继箱各放 6 ~ 8 张脾。蜂团一般结在巢箱与继箱之间，并随着饲料消耗而逐渐向继箱移动。因此，70%的饲料应放在继箱上，继箱放全蜜脾，巢箱中间放半蜜脾，两侧放全蜜脾。

4. 双群双箱越冬

将两 5 足框的蜂群各带 4 张脾分别放入巢箱闸板的两侧。巢脾也是按照外侧整蜜脾、闸板两侧半蜜脾原则排放。巢、继箱之间加平面隔王栅，然后再加上空继箱。继箱上暂时不加巢脾，等到蜂群结团稳定、白天也不散团时，继箱中间再加入 6 张全蜜脾。

5. 拥挤蜂巢布置法

这是苏联施西庚推广的一种寒冷地区蜂群越冬的蜂巢布置法。这种方法是适当缩减巢脾，使蜜蜂更紧密地挤在一起。例如，把 7 足框的蜂群，紧缩在 5 个蜜脾的 4 条蜂路间，以改善保温条件，减少巢内潮湿和蜂蜜的消耗，并相应减少蜜蜂直肠中的积粪。这种方法还能使蜂王来春提早产卵。这种蜂群布置方法只适合高寒地区蜂群越冬。

在蜂箱中央，放 3 个整蜜脾，两旁各放一个半蜜脾，两侧再加闸板，外面的空隙填充保温物，巢底套垫板，使巢框下梁和巢底距离缩减到 9 毫米高。在巢框的上梁横放几根树枝，垫起蜂路，然后盖上覆布，加上副盖，再加盖数张报纸和保温物，最后盖上箱盖。

（六）北方室内越冬

北方室内越冬的效果取决于越冬室温度和湿度的控制和管理水平。

1. 蜂群入室

蜂群入室的前提条件是适龄越冬蜂已经过排泄飞翔，气温下降并基本稳定，蜂群结成冬团。蜂群入室过早，会使蜂群伤热。蜂群入室的时间一般在外界气温稳定下降时，地面结冰，但无大量积雪。东北高寒地区蜂群一般在 11 月上中旬，西北和华北地区常在 11 月底或 12 月初入室。

入室前一天晚上，撬动蜂箱，避免搬动蜂箱时震动。蜂群入室当天，越冬室应尽量采取降温措施，把室温降到 0℃以下，所有蜂群均安定结团后，再把室温控制在适当范围。蜂群入室之前，室内应先摆好蜂箱架，或用干砖头垫起，高度不低于 400 毫米。蜂箱直接摆放在地面会使蜂群受潮。蜂群在搬动之前，应将巢门暂时关闭。搬动蜂箱应小心，不能弄散蜂团。蜂群入室可分批进行，弱群先入室，强群后入室。室内的蜂群分三层排放，越冬室内的温度一般是上高下低，所以应将强群放在下层，弱群放在上层。蜂群在室内的排放，蜂箱应距离墙壁 200 毫米，蜂箱的巢门向外，蜂箱之间的距离保持 800 毫米。蜂群入室最初几天，巢门开大些，蜂群安定后巢门逐渐缩小。

2. 越冬室温度的控制

越冬室内湿度应控制在 –2 ~ 2℃，短时间也不能超过 6℃，最低温度最好不低于 –5℃。室内温度过高需打开所有进出气孔，或在夜间打开越冬室的门。如果白天室温过高，把雪或冰拌上食盐抬入越冬室内进行降温。测定室内温度，可在第一层和第三层蜂箱高度各放一个温度计，在中层蜂箱的高度放一个干湿球温度计。

3. 越冬室湿度控制

越冬室的湿度应控制在 75% ~ 85%，过度潮湿将使未封盖的蜜脾中的储蜜吸水发酵，蜜蜂吸食后就会患下痢病。越冬室过度干燥使巢脾中的储蜜脱水结晶。结晶的蜂蜜蜜蜂不能取食。东北地区室内越冬一般以防湿为主，在蜂群进入越冬室之前，就应采取措施使越冬室干燥。越冬室潮湿可用调节进出气孔，扩大通风来将湿气排出。室内地面潮湿可用草木灰、干锯末、干牛粪等吸水性强的材料平铺地面吸湿。新疆等干燥地区，蜂群室内越冬一般应增湿，在墙壁悬挂浸湿的麻袋和向地面洒水。蜂群还应采取饲水措施，在隔板外侧放一个加满清水的饲喂器，并用脱脂棉引导到脾上梁，在脱脂棉的上方覆盖无毒的塑料薄膜。

4. 室内越冬蜂群的检查

在蜂群入室初期需经常入室查看，当越冬室温度稳定后可减少入室观察的次数，一般 10 天 1 次。越冬后期室温易上升，蜂群也容易发生问题，应每隔 2 ~ 3 天入室观察一次。

进入室内首先静立片刻，看室内是否有透光之处。注意倾听蜂群的声音，蜜蜂发出微微的嗡嗡声说明正常；声音过大，时有蜜蜂飞出，可能是室温过高，或室内干燥；蜜蜂发出的声音不均匀，时高时低，有可能是室温过低。用医用听诊器或橡皮管测听蜂箱中的声音，蜂声微弱均匀，用手指轻弹箱壁，能听到“唰”的一声，随后很快停止，说明正常；轻弹箱壁后声音经久不息，出现混乱的嗡嗡声，可能是失王、鼠害、通风不良，必要时可个别开箱检查处理；从听诊器或橡皮管听到的声音极微弱，可能是蜂群群势严重削弱或遭受饥饿，需要立即急救；蜂团发出“呼呼”的声音，说明巢内过热，应扩大巢门或降低室温；蜂团发出微弱起伏的“唰唰”声，说明温度过低，应缩小巢门或提高室温；箱内蜂团不安静，时有“咔咔嚓嚓”等声音，可能是箱内有老鼠危害。听测蜂团的声音，还要根据蜂群的群势和结团的位置分析。强群声音较大，弱群声音较小；蜂团靠近蜂箱前部声音较大，靠近后部声音较小。

越冬蜂群还应进行巢门检查，检查时利用红光手电照射巢门和蜂团。蜂团松散，蜜蜂离脾或飞出，可能是巢温过高，蜂王提早产卵，或者饲料耗尽处于饥饿状态；巢门前有大肚子蜜蜂在活动，并排出粪便，是下痢病；蜂箱内有稀蜜流出，是储蜜发酵变质；蜂箱内有水流出，是巢内先热后冷，通风不良，水蒸气凝结成水，造成巢内过湿；从蜂箱底部掏出糖粒是储蜜结晶现象；巢内死蜂突然增多，且体色正常，腹部较小，可能是蜜蜂饥饿造成的，需要立即急救；出现残体蜂尸和碎渣，是鼠害；某一侧死蜂特别多，很可能是这一侧巢脾储蜜已空，饿死部分蜜蜂；正常蜂团的蜂群，蜂团已移向蜂箱后壁，说明巢脾前部的储蜜已空，应注意防止发生饥饿。出现上述不正常的情况，应根据具体条件妥善处理。

（七）北方蜂群室外越冬

蜂群室外越冬更接近蜜蜂自然的生活状态，只要管理得当，室外越冬的蜂群基本上不发生下痢，不伤热，蜂群在春季发展也较快。室外越冬的蜂群巢温稳定，空气流通，完全适于严寒地区的蜂群越冬。室外越冬可以节省建筑越冬室的费用。

1. 室外越冬蜂群的包装

室外越冬蜂群主要进行箱外包装（图 4–2），箱内包装很少。蜂群的包装材料，可根据具体情况就地取材，如锯末、稻草、谷草、稻皮、树叶等。箱外包装的方法，应根据冬季的气候确定包装的严密程度。在蜂群包装过程中，要防止蜂群伤热，最好分期包装，蜂群室外越冬的包装原则是宁冷勿热。此外，蜂群包装还应注意保持巢内通风和防止鼠害。

图 4–2　室外越冬（房宇　摄）

蜂群室外越冬的场所须背风、干燥、安静，要远离铁路、公路以人畜经常活动的地方，避免强烈震动和干扰。可采取砌挡风墙、搭越冬棚、挖地沟等措施，创造避风条件。

蜂群包装不宜过早，应在外界已开始冰冻，蜂群不再出巢活动时进行。包装后，如果蜂群出现热的迹象，应及时去除外包装。第一次包装时间：华北地区在12月上旬，新疆在11月中旬，东北在10月中下旬。

（1）草帘包装　华北地区冬季最低气温不低于-18℃的地方，蜂群室外越冬包装，可利用预制的草帘包装蜂箱。在箱底垫起100毫米厚干草，20～40个蜂箱一字形排放在干草上，蜂箱之间相距100毫米，其间塞满干草。将草帘从左至右把箱盖和蜂箱两侧都用草帘盖严，箱后也要用草帘盖好。夜间天气寒冷，蜂箱前也要用草帘遮住。

（2）草埋包装　草埋室外越冬，先砌一高660毫米的围墙。围墙的长度可根据蜂群数量来决定。如果春季需要继续用围墙保温，每3群为一组，以防春季排泄时造成蜂群偏集。在围墙内先垫上干草，然后将蜂箱搬入，蜂箱的巢门板与围墙外头取齐。在每个箱门前放一个"︹"形板桥，前面再放挡板，挡板的缺口正好与"︹"形板桥相配合，使巢门与外界相通。然后在蜂箱周围填充干燥的麦秸、秕谷、锯末等保温材料。包装厚度是，蜂后面100毫米，前面66～85毫米，各箱之间10毫米，蜂箱上面100毫米。包装时要把蜂箱覆布后面叠起一角，并要在对着叠起覆布的地方放一个60～80毫米粗的草把，作为通气孔，草把上端在覆土之上。最后，用20毫米厚的湿泥土封顶。包装后要仔细检查，有孔隙的地方要用湿泥土盖严，所盖的湿泥土在夜间就会冻结，能防老鼠侵入。

2. 室外越冬蜂群的管理

（1）调节巢门　调节巢门是越冬蜂群管理的重要环节。室外越冬包装严密的蜂群要求保留大巢门，冬季根据外界气温变化调整巢门。初包装后大开巢门，随着外界气温下降，逐渐缩小巢门，在最冷的季节还可在巢门外塞些松软的透气的保温物。随着天气回暖，应逐渐扩大巢门。

（2）遮阴　从包装之日起直到越冬结束，都应在蜂箱前遮阴，防止低温晴天蜜蜂飞出巢外冻死。即使低气温下蜜蜂不出巢，受光线刺激也会使蜂团相对松散，引起代谢增强、耗蜜增多。蜂箱巢门前可用草帘、箱盖、木板等物遮阴。

（3）检查　越冬后期应注意每隔 15 ~ 20 天在巢门掏除一次死蜂，以防死蜂堵塞巢门不利通风。在掏除死蜂时尽量避免惊扰蜂群，要做到轻稳。掏死蜂时，发现巢门已冻结，巢门附近的蜂尸已冻实，而箱内的死蜂没有冻实，这表明巢内温度正常；巢门没冻，箱内温度偏高；巢内的死蜂冻实就说明巢内温度偏低。

室外越冬的蜂群整个冬季都不用开箱检查。如果初次进行室外越冬没有经验，可在 2 月检查一次。打开蜂箱上面的保温物材料，逐箱查看。如果蜂团在蜂箱的中部，巢脾后面有大量的封盖蜜，蜂团小而紧，就说明越冬正常（图 4–3）。

图 4–3　越冬蜂结团（房宇　摄）

（八）越冬不正常蜂群的补救方法

1. 补充饲料

越冬期给蜂群补充饲料是一项迫不得已的措施。由于补充饲料时需要活动巢脾，惊动蜂团，致使巢温升高，蜜蜂过多取食蜂蜜不但浪费饲料，而且也增多了腹部粪便的积存量，容易导致下痢病。为此，要立足于越冬前的准备工作，为蜂群储存足够的优质饲料，避免冬季补充饲料的麻烦。

2. 补换蜜脾

用越冬前储备蜜脾补换给缺饲料的蜂群较为理想。如果从储备蜜脾较冷的仓库中取出，应先移到 15℃以上的温室内暂放 24 小时，待蜜脾温度随着室温上升，然后再换入蜂群。换脾时要轻轻将多余的空脾提到靠近蜂团的隔板外侧（让蜜蜂自己离巢返回蜂团），再将蜜脾放入隔板里靠近蜂团的位置。

3. 灌蜜脾补喂

如果储备的蜜脾不足，可以使用成熟的分离蜜加温溶化或者以 2 份白砂糖、1 份水加温制成糖液，冷却至 40℃时进行人工灌脾，要按着蜂团占据巢脾的面积浇灌成椭圆形的蜜脾，灌完糖液后要将巢脾放入容器中，待脾上蜜不往下滴时再放入蜂巢中。采用这种方法饲喂，必须把巢内多余的空脾撤到隔板外侧或者撤出去。群强多喂，群弱少喂，一次不可喂得过多。

4. 变质饲料调换

越冬期，巢脾上未封盖蜂蜜直接与巢内空气接触，若越冬室或蜂箱里空气潮湿，蜂蜜就会很快吸水变稀发酵，有时流出巢房。越冬蜂取食发酵蜜导致下痢死亡。越冬饲料出现严重的发酵或结晶现象，应及时用优质蜜脾更换。换脾时，发酵蜜脾不可在蜂箱里抖蜂，以免将发酵蜜抖落在蜂箱中和蜂体上，造成更大危害，要把这些蜜脾提到隔板外让蜜蜂自行爬回蜂团。结晶蜜脾可以抖去蜜蜂直接撤走。

专题五

中华蜜蜂饲养技术

中华蜜蜂是东方蜜蜂的一个亚种，属中国独有的蜜蜂品种，是以杂木树为主的森林群落及传统农业的主要传粉昆虫。有利用零星蜜源植物、采集力强、利用率较高、采蜜期长及适应性、抗螨抗病能力强、消耗饲料少等意大利蜂无法比拟的优点，非常适合中国山区定点饲养。本章将从中华蜜蜂基本生物学特性以及传统饲养和现代饲养等方面进行系统的介绍。

一、中华蜜蜂基本生物学特性

中华蜜蜂（简称中蜂）（图 5-1）是我国土生土长的蜂种，在长期进化适应过程中，形成了一系列特别能适应我国气候、蜜源条件的生物学特性。在我国的养蜂自然条件下，与西方蜜蜂相比中蜂有很多西方蜜蜂不可比拟的优良特性：采集勤奋、个体耐寒能力强、节约饲料、飞行灵活、躲避胡蜂、善于利用零星蜜源和冬季蜜源、抗敌害和抗螨能力强。但是，中蜂也有弱点：分蜂性强、蜂王产卵量低、不易维持强群、易迁飞、采蜜量较低等。只有在科学饲养的条件下，才能充分发挥中蜂的优良特性，改进和解决中蜂的弱点。

图 5-1　中华蜜蜂

我国饲养中蜂的历史悠久，但科学饲养技术的形成只有数十年。随着对中蜂生物学特性的深入了解，中蜂的饲养技术将会不断地完善。

（一）蜂群排列

中蜂认巢能力差，但嗅觉灵敏，迷巢错投后易引起斗杀。因此，中蜂排列不能像西方蜜蜂那样整齐紧密，应根据地形、地物尽可能分散，充分利用树木、大石块、小土丘等天然标记物安置蜂群。各群巢门的朝向也应尽可能错开。在山区可利用斜坡梯级布置蜂群，使各箱的巢门方向及前后高低各不相同（图 5–2）。

图 5–2 山区的中蜂蜂箱（李建科 摄）

如果放蜂场地有限，蜂群排放密集，可在蜂箱的正面涂以不同的颜色和图形来增强蜜蜂的认巢能力（图 5–3）。根据蜜蜂对颜色辨别的特性，蜂箱应分别涂以黄色、蓝色、白色、青色等。安徽一位蜂农在自家长 9 米、宽 7 米的庭院内，应用这种方法成功地周年饲养 30 余群中蜂。中蜂排列密集，应注意保持蜂群饲料充足，以减少盗蜂发生；取蜜或其他开箱作业应等开过箱的蜂群完全安定后，再打开邻近蜂箱。

图 5-3　彩色蜂箱

转地采蜜的蜂群，如果场地较小，可以 3 ~ 4 群排列成一组，组距 1 ~ 1.5 米，相邻蜂箱的巢门应错开 45° ~ 90°。蜂群数量多，需要密排时，可把蜂箱垫的高低不同。饲养少数蜂群，可以排在安静屋檐下或围墙及篱笆边做单箱排列。蜂箱排列时，应用 3 ~ 4 根竹桩将蜂箱垫高 300 ~ 400 毫米，以防除蚂蚁、白蚁、蟾蜍敌害。

在缺乏蜜源的季节，中蜂不宜与西方蜜蜂排列在一起，以免被西方蜜蜂攻击。即使在流蜜期，如果蜂群密度过大，也会发生西方蜜蜂盗中蜂的现象。

（二）工蜂产卵处理

失王后蜂群内蜂王物质消失，工蜂卵巢开始发育，一定时间后，就会产下未受精卵。这些未受精卵在工蜂巢房中发育成个体较小的雄蜂，这对养蜂生产有害无益。如果对工蜂产卵的蜂群不及时进行处理，此群必定灭亡。

工蜂产卵蜂群比较难处理，既不容易诱王诱台，也不容易合并。失王越久，处理难度越大。所以，失王应及早发现，及时处理。防止工蜂产卵，关键在于防止失王。蜂群中大量的小幼虫，在一定程度上能够抑制工蜂的卵巢发育。发生工蜂产卵，可视失王时间长短和工蜂产卵程度，采取诱台或诱王、蜂群合并、处理产卵巢脾等。

1. 诱台或诱王

中蜂失王后，越早诱王或诱台，越容易被接受。对于工蜂产卵不久的蜂群，应及时诱入一个成熟王台或产卵王。工蜂产卵比较严重的蜂群直接诱王或诱台往往失败，在诱王或诱台前，先将工蜂产卵脾全部撤出，从正常蜂群中抽调卵虫脾，加重工蜂产卵群的哺育负担。一天后再诱入产卵王或成熟王台。

2. 蜂群合并

工蜂产卵初期，如果没有产卵蜂王或成熟台，可按常规方法直接合并或间接合并。工蜂产卵较严重，采用常规方法合并往往失败，需采取类似合并的方法处理。即在上午将工蜂产卵群移位 0.5 ~ 1.0 米，原位放置一个有王弱群，使工蜂产卵群的外勤蜂返回原巢位，投入弱群中。留在原蜂箱中的工蜂，多为卵巢发育的产卵工蜂，晚上将产卵蜂群中的巢脾脱蜂提出，让留在原箱中的工蜂饥饿一夜，促使其卵巢退化，翌日仍由它们自行返回原巢位，然后加脾调整。工蜂产卵超过 20 天以上，由工蜂产卵发育的雄蜂大量出房，工蜂产卵群应分散合并到其他正常蜂群。

3. 工蜂产卵巢脾的处理

在卵虫脾上灌满蜂蜜、高浓度糖液或用浸泡冷水等方法使脾中的卵虫死亡，然后放到正常蜂群中清理。或用3%的碳酸钠溶液灌脾后，放入摇蜜机中将卵虫摇出，用清水冲洗干净并阴干后使用。对于工蜂产卵的封盖子脾，可将其封盖割开后，用摇蜜机将巢房内的虫蛹摇出，然后放入强群中清理。

（三）迁飞处理

中蜂迁飞是蜂群躲避饥饿、病敌害、人为干扰以及不良环境而另择新居的一种群体迁居行为，也称为逃群。

迁飞前，蜂群处于消极怠工状态，出勤明显减少，停止巢门前的守卫和扇风；蜂王腹部缩小，巢内卵虫数量和储蜜迅速减少，当巢内封盖子脾基本出房后，相对晴好的天气便开始迁飞。因此，在中蜂饲养管理中，发现巢内卵虫突然减少时，应及时分析原因，采取相应措施。开始迁飞时，工蜂表现兴奋，巢门附近部分工蜂举腹散发臭腺物质；巢内秩序混乱。不久大量蜜蜂倾巢而出，在蜂场上空盘旋结团，然后飞向新巢。迁飞的中蜂往往不经结团，待蜂王出巢后，直接飞往预定目标。迁飞一般发生在上午10点至下午4点，上午12点至下午2点是迁飞的高峰时间。

当全场相当数量蜂群处于准备迁飞状态时，某一蜂群的迁飞，往往引发相邻蜂群一同迁飞，甚至影响本没准备迁飞的蜂群也参加到迁飞的行列。多群迁飞的蜜蜂在蜂场上空乱飞，结成1 ~ 2个大蜂团。由于不同蜂群的群味不同，不同蜂群间的工蜂互相斗杀，互围他群蜂王，造成严重损失。这种现象养蜂人称其为“乱蜂团”或“集团逃亡”。“乱蜂团”常发生在浙江、福建、湖南、广西等南方各省区。据报道，福建漳州有一个116群蜜蜂的中蜂场，3 天内 114 群中蜂加入“乱蜂团”，因处理不善，6 天后全场百余群中蜂覆灭。

在日常蜂群管理中，应保证蜂群饲料充足、蜂脾相称、环境安静、健康无病、无敌害以及避免盗蜂和人为干扰。在易发生迁飞的季节，可在巢门前安装控王巢门，防止发生迁飞时蜂王出巢。控王巢门的高度为 4 毫米，只允许工蜂进出，蜂王只能留在巢内。一旦发现巢内无卵虫和无储蜜，应立即采取措施，如蜂王剪翅、调入卵虫脾和补足粉蜜饲料等。然后，再寻找原因，对症处理。

此外，因中蜂迁飞性的强弱有一定的遗传性，在常年的中蜂饲养中，应注意观察，选择迁飞性较弱的蜂群作为种用群，培育种用雄蜂和蜂王。

蜂群刚发生迁飞，工蜂涌出蜂箱，但蜂王还未出巢，应立即将巢门关闭，待夜晚开箱检查后，根据蜂群具体问题再做调整、饲喂等处理。蜂群已开始迁飞，应按自然分蜂团的收捕方法进行。为防多群相继迁飞，在发生蜂群迁飞的同时，将相邻蜂群的巢门暂时关闭，并注意箱内的通风。待迁飞蜂群处理后，再开放巢门。迁飞蜂群一般不愿再栖息在原巢原位，收捕回来后，最好能放置在小气候良好的新址；蜂箱应清洗干净，用火烘烤后并换入其他正常蜂群的巢脾，再将迁飞的蜂群放入蜂箱。为防止收捕回来的中蜂再次迁飞，应常做箱外观察，但 1 周内尽量不开箱检查。在安置时，应保证收捕回来的中蜂巢内有适量的卵虫和充足的储蜜。

如已发生“乱蜂团”，初期则应关闭参与迁飞的蜂群，向关在巢内的逃群和巢外蜂团喷水，促其安定。准备若干蜂箱，蜂箱中放入蜜脾和幼虫脾。将蜂团中的蜜蜂放入若干个蜂箱中，并在蜂箱中喷洒香水等混合群味，以阻止蜜蜂继续斗杀。在收捕蜂团的过程中，在蜂团下方的地面寻找蜂王或围王的小蜂团，解救被围蜂王，将蜂王装入囚蜂笼，放入巢脾之间，蜂王被接受后再释放。

二、传统饲养与现代活框饲养

中蜂过箱，就是将生活在原始蜂巢（包括箱、桶、竹笼、洞穴等）中的中蜂（图 5–4），转移到活框蜂箱中饲养的一项技术。中蜂过箱是将中蜂从原始饲养向科学饲养过渡的一种形式，是解决中蜂科学饲养所需蜂种来源问题的重要方法。尤其是在蜂种资源丰富，而科学饲养中蜂技术落后的山区，掌握中蜂过箱技术意义重大。中蜂过箱的成败，取决于过箱条件的选择与控制、过箱操作技术和过箱后的管理。

图 5–4　桶箱中蜂（李建科　摄）

（一）过箱条件

1. 过箱时期选择

最理想的过箱时期应是外界气候较温暖、蜜粉源较丰富的季节。此时期过箱，不易引起盗蜂，过箱后巢脾与巢框粘接快，有利于蜂群恢复和发展。冬季过箱，应在气温 20℃以上的天气进行。阴雨、大风天气蜜蜂比较凶暴，影响过箱操作。夏秋过箱宜在傍晚进行，早春或秋冬可在室内操作，用红光照明，室内烧开水，保持室温 25 ～ 30℃。

2. 过箱群势标准

过箱群势一般应达 3 足框以上，子脾较大。凡弱群，等其强盛后再行过箱。利用幼虫可增加蜜蜂的恋巢性，防止过箱后发生逃群。

（二）过箱准备

1. 蜂箱巢位的调整

中蜂活框饲养，需要经常开箱检查管理。蜂群摆放的位置，应便于管理操作。在过箱操作前，应采用蜂群近距离迁移的方法，将处于不妥当位置的原始蜂巢移到相应地点。

2. 过箱用具的准备

中蜂过箱要求快速，尽量缩短操作时间，以减少对蜂群的影响。所以，在操作前必须做好各项过箱用具的准备工作。这些用具包括活框蜂箱和上好线的巢框、盛放子脾用的平板、插绑巢脾用的薄铁片、吊绑或钩绑巢脾用的硬纸板、夹绑巢脾用的竹片以及蜂帽面网、蜂刷、收蜂笼、喷烟器、收蜂笼、割蜜刀、起刮刀、钳子、图钉、细铁线、盛蜜容器、埋线棒、水盆、抹布等。蜂箱和巢框最好是用旧的；若是新的，应待木材气味散尽后才能使用。埋线棒可用小竹条制成，长约 15 厘米，直径应小于巢房，其下端削成“Λ”形。薄铁片可用罐头壳剪制，每片宽约 10 毫米、长 30 毫米。

（三）过箱方法

我国原始饲养中蜂的蜂巢种类很多，有用木板钉成或箍成的，有用大树干掏空制成的，有用竹条、荆条编制后再涂上泥巴制成的，也有用土坯砌成的；有横卧式、立桶式；有长方形、有圆形。虽然原始蜂巢的材料和形状结构各不相同，但从过箱操作的角度，可将原始蜂巢分为可活动翻转的和固定的两大类。为了提高效率，过箱时最好有 2 ~ 3 人协同作业。一人脱蜂、割脾、绑脾，一人收蜂入笼、协助绑脾以及清理残蜜蜡等。

如果蜂场中已有改良的活框中蜂群，可采取借脾过箱的方法。将其他活框蜂群中的 1 ~ 2 张幼虫脾和 1 张粉蜜脾放入箱内，根据蜜蜂群势适当加巢础框。巢脾在箱内排列好后，直接把蜂群抖入蜂箱中。原巢子脾经割脾和绑脾后分散放入其他活框蜂群中修补，使其子脾继续发育。

1. 驱蜂离脾

驱蜂离脾是过箱操作的第一步，就是驱赶蜜蜂离脾，以便于割脾和绑脾。驱蜂离脾的方法，根据原始蜂巢是否可移动翻转，采取不同的方法。

（1）原巢可活动翻转　凡是能够翻转的蜂巢，应尽量采用翻转巢箱的过箱方法。将原蜂巢翻转 180 度，使巢脾的下端朝上，驱使蜜蜂离脾。翻转时巢脾纵向始终与地面保持垂直，以防巢脾断裂。将蜂巢底部打开，收蜂笼紧放在已翻转朝上的蜂巢底部。在蜂巢下部的固定地方，用木棒有节奏地连续轻击，或者喷以淡烟，驱赶蜜蜂离脾，引导蜜蜂向上集结于收蜂笼中。

（2）原巢固定　不能翻转的原始蜂巢，过箱时宜采用此方法。首先揭开原始蜂巢的侧板或侧壁，观察巢脾着生的位置和方向，选择巢脾横向靠外的一侧，作为割脾操作的起点。采用喷淡烟的方法或用木棒轻敲巢箱的上板或侧板，驱赶蜜蜂离开最外侧巢脾，团集蜂巢里侧，然后逐脾喷烟驱蜂，依次割脾，直到巢脾全部取出，蜜蜂团集在另一端为止。

2. 割取巢脾

驱蜂离脾后用利刀将巢脾割下，割脾时应在脾的上方留 2 行巢房。每割 1 张脾，都应用手掌承托取出，避免巢脾折断。割下的子脾平放在清洁的平板上，不能重叠积压。卵虫蛹的巢脾一般均应淘汰。

3. 绑脾上框

子脾是蜂群的后继有生力量，割脾后应尽快绑脾上框，放回蜂群。为了防止在插绑和吊绑时，因子脾上方的储蜜过重，巢脾下坠使巢脾与巢框上梁不易粘接，在绑脾前应切除子脾上部的储蜜。穿好铁线的巢框套在子脾上，使脾的上沿切口紧贴巢框上梁。顺着巢框穿线，用小刀划脾，刀口的深度以刚好接近房基为准。

（1）插绑　子脾埋线后，用薄铁片嵌入巢脾中的适当位置，再穿入铁线绑牢在巢框上梁。凡经多次育虫的黄褐色巢脾，因其茧衣厚、质地牢固，均适于插绑。

（2）钩绑　钩绑是对经插绑和吊绑后脾下方歪斜巢脾的校正方法。用一条细铁线，在一端拴一小块硬纸板，另一端从巢脾的歪出部位穿过，再从另一面轻轻拉正，然后用图钉将铁线固定在巢框的上梁。

（3）吊绑　将子脾裁平埋线后，用硬纸板承托在巢脾的下沿，再用图钉、铁线，将脾吊绑在巢框上梁。凡新、软巢脾，均应用此方法。

（4）夹绑　把巢脾裁切平整后，使其上下紧顶巢框的上下梁，用竹条从脾面两侧夹紧绑牢。凡是大片、整齐、牢固的粉蜜脾或子脾，均可采用夹绑。夹绑所用的竹片，遮盖住巢房较多，影响部分子脾的发育和羽化出房。

绑好的子脾，应随手放入蜂箱内。最大的子脾放在蜂巢的中间，较小的依次放在两侧，其间保持适当的蜂路。如果群势强大，子脾又少，则应酌加巢础框。巢脾靠蜂箱一侧排放，外侧加隔板。为防过箱后蜜蜂不上脾，而在隔板外空间栖息造脾，应在蜂箱的空位暂用稻草等物填塞。

4. 催蜂上脾

将排列好子脾、盖好副盖和箱盖的活框蜂箱放在原来旧巢的位置，箱身垫高200毫米，巢门保持原来的方位。将巢门挡撬起，在巢门前斜放一块副盖或其他木板，将蜂笼中的蜂团直接抖落在巢门前，使蜜蜂自行爬进蜂箱。也可在子脾放入蜂箱后，将收蜂笼中的蜜蜂直接抖入蜂箱中，然后快速盖好副盖和箱盖。

5. 过箱时应注意的问题

（1）环境清洁　过箱前应将原蜂巢上下和外围、操作环境清理干净，以免操作时污染巢脾。

（2）不弄散蜂团　细心操作，避免弄散蜂团，防止蜂王起飞。万一蜂王起飞，不要惊慌，只要蜂团没散，蜂王会自行归队；若散团引起蜂王起飞，则应在蜜蜂重新结团处寻找蜂王，蜂王一般在较大的蜂团中，找到蜂王应连同蜂团一起收回。

（3）清除蜜蜡　过箱时和过箱后，最怕引起盗蜂。在过箱操作时尽量减少储蜜的流失，过箱后应立即清除场地上的一切蜜蜡。

（四）过箱后管理

1. 调节巢门

过箱后应关小巢门，严防盗蜂。随气温的变化和流蜜情况，调节巢门大小。

2. 奖励饲喂

在外界蜜源不多的条件下过箱，应在每日傍晚进行饲喂，促进巢脾与巢框的粘接、工蜂造脾和刺激蜂王产卵。

3. 检查整顿

过箱后 0.5 ~ 1 小时查看蜜蜂上脾情况。如果蜜蜂全部上脾，没有纷乱的声音，说明蜂群正常。如果未上脾，需用蜂刷驱赶蜜蜂上脾。

过箱后第二天，箱外观察蜜蜂活动情况。如果蜜蜂采集积极，清除蜡屑，拖出死蜂，则表明蜂群正常；如果工蜂乱飞，不正常采集则有可能失王，应立即开箱检查。如果蜂群活动不积极，则应及时查明原因并妥善处理，防止蜂群发生迁飞。

过箱 3 ~ 4 天后，进行全面检查。巢脾粘接牢固，可以去除绑缚物；如果巢脾和巢框粘接不好，则应重新绑缚，同时应注意巢内蜜粉是否充足和脾框距离是否过大。

4. 保温

保温是过箱后中蜂护脾的关键。由于气温低，箱内空旷，过箱后蜜蜂往往集结于箱角。蜜蜂长时间不护脾，造成蜂子冻死。为了避免这种现象发生，除了加快过箱速度、减缓巢脾温度的降低外，过箱后应加强保温。

5. 失王处理

过箱后蜂王丢失，最好诱入产卵王或成熟的自然王台。如果没有产卵蜂王或成熟王台，则可考虑选留一个改造王台，或与其他有王群合并。

专题六

蜜蜂营养及病害防治

蜂群在不同的发育和生产阶段对摄入营养有着不同的需求，在不同的季节和生产条件下会遭受不同病害的侵袭，这些都是困扰养蜂人的实际问题。本章将从蜜蜂营养类型、配制和饲喂条件以及病害防治的基本措施几个方面进行简要介绍，为广大养蜂人提供全面的认识。

一、蜜蜂饲料

（一）蜜蜂饲料类型

蜜蜂饲料主要分两大类，一是糖饲料，主要为蜜蜂的生命活动提供能量；一是蛋白质饲料，为蜜蜂的生长发育提供蛋白质、氨基酸、脂类、维生素、矿物质等营养素。蜜蜂的天然饲料均几乎完全来自蜜粉源植物的花朵。千百年来的进化适应，花蜜和花粉成为最适宜蜜蜂生长发育的食物。在蜜粉源不足时，给蜜蜂饲喂糖饲料和蛋白质饲料以维持蜂群的生存和促进蜂群的发展就显得很重要。

蜜蜂饲料的原料必须优质、安全、可靠，不可使用来历不明的原料。首次使用的原料，应配制少量饲料先在 1 ～ 2 群较弱的蜂群试喂，认真观察数次确认安全后，再进行全场饲喂。糖饲料的试用期可稍短，2 ～ 3 次饲喂后蜂群的行为活动正常就可以应用。新的蛋白质饲料至少应有 40 天的试用期，观察2批蜂子发育的同时，还应观察培育的新蜂出房后是否正常。

1. 糖饲料

蜂群中糖饲料是绝对不可或缺的。蜂群中糖饲料不足，轻则蜂王产卵受到限制，重则幼虫被清除，影响蜂群的发展壮大。蜂巢内储蜜耗尽则整群饿死。在蜜蜂饲养管理中，应始终保持蜂巢内饲料充足。如果巢内不足，就应及时采取措施对蜂群进行饲喂。

（1）糖饲料的种类　按糖的化学成分，蜜蜂的糖饲料主要是以蔗糖和由蔗糖水解的葡萄糖、果糖为主，包括蜂蜜、白砂糖、高果糖浆等。

1）蜂蜜　蜂蜜是蜜蜂天然糖饲料，优质蜂蜜最适宜蜜蜂生命活动的需要，是蜂群越冬最理想的饲料。但是，在养蜂生产中蜂蜜作为蜜蜂的饲料也有许多不足。蜂蜜价格普遍较贵，用蜂蜜饲喂蜂群将提高养蜂成本。

我国市场多为不成熟蜂蜜，蜂蜜含水量高，易发酵变质，不成熟蜂蜜饲喂蜂群，视发酵变质的程度，可能对蜜蜂造成不良的影响。在患病蜂群中取出的蜂蜜往往带有病原，这样蜂蜜饲喂蜂群易发生传染病。用含有甘露蜜的蜂蜜饲喂蜂群可能造成蜜蜂中毒。蜂蜜的气味很浓，除了补加蜜脾的形式外，饲喂蜂蜜易引发盗蜂。转地蜂场作为饲料的蜂蜜不易携带和保管，会增加运输成本和劳动强度。

作为饲料的蜂蜜最好用本场在流蜜期从健康蜂群中选留的成熟蜜脾，也可以用无病原、成熟的分离蜜。成熟蜜脾应根据需要储存全蜜脾和半蜜脾，全蜜脾多用作越冬饲料；半蜜脾既可用于蜂群越冬，也可用于早春扩巢加脾。

2）白砂糖　虽然白砂糖的营养成分不如蜂蜜丰富，但是作为蜜蜂的糖饲料，白砂糖完全可以取代蜂蜜。因为饲喂白砂糖，除碳水化合物外，蜂蜜中其他的营养素均可从花粉等蛋白质饲料中获得。白砂糖的特点是价廉、来源广、易携带、易保管，是我国养蜂最主要的糖饲料。

用白砂糖饲喂蜂群，最好选用技术力量强、质量稳定的大厂产品，一般不轻易换品牌。使用新品牌的白砂糖，在全场蜂群饲喂前，应先在 1 ~ 2

个弱群中试喂，观察有无不良反应。一般情况下，饲喂蜜蜂的白砂糖应优质，为了降低养蜂成本，在蜜蜂的活动季节也可以用净化后的散包白砂糖喂蜂。这种散包白砂糖净化后也不可饲喂越冬蜂群。

（2）糖饲料配制

1）蜜脾制备　蜜脾喂蜂饲料成熟，适宜于越冬越夏期间补饲蜂群。因饲喂后，不需要蜜蜂从饲喂器中向巢脾搬动，不会刺激蜜蜂兴奋，能减少发生盗蜂的可能。半蜜脾还适用于早春扩巢。

蜜脾多在蜜质不易结晶的流蜜期选留。若不足，在流蜜后期可向蜂群饲喂优质蜂蜜以促其储满成熟封盖。也可将大量含糖 60% 的蔗糖液饲喂蜂群，使蜂群将蔗糖液从饲喂器中转移至蜜脾中，并将蔗糖转化为葡萄糖和果糖。

2）液体糖饲料的配制　液体糖饲料的原料主要为白砂糖和成熟蜂蜜。在饲喂蜂群前均需加入适量的水，使其充分溶解后饲喂蜂群。蜂蜜加水溶解较容易，将蜂蜜放入大口容器中用冷水充分搅拌均匀即可。用白砂糖为原料配制蔗糖液稍麻烦，需将水加热至 80 ~ 90℃，以助白砂糖溶解。在配制蔗糖液时应不停地搅拌，促使白砂糖溶解完全。糖液中的糖水比例根据蜜蜂饲养管理需要确定，一般为（1 ~ 2）：1。

2. 蛋白质饲料

蜜蜂蛋白质饲料应包含一切蜜蜂生长发育所需营养素。新鲜蜂花粉是蜜蜂最理想的蛋白质饲料，在外界粉源不足的季节，人工饲喂蜂群蛋白质饲料成为蜜蜂饲养管理技术的重要手段。由于蜜蜂营养学的研究还不够深入，人工饲喂蛋白质饲料的饲喂蜂群效果不如新鲜的天然蜂花粉。人工饲喂的蛋白质饲料包括蜂花粉和含蛋白质等营养素丰富的花粉代用品。

（1）蛋白质饲料种类　蜜蜂的蛋白质饲料可分为两大类，蜂花粉和人工蛋白质饲料。

1）花粉　花粉是植物的雄性配子，富含蜜蜂所需要的全部营养素。作为蜜蜂的饲料，花粉形式有花粉、新鲜蜂花粉、蜂粮、干蜂花粉等。花粉是从松树等粉量丰富的植物花朵上人工采集的花粉，新鲜蜂花粉是蜜蜂刚从植物上采集并携带归巢的花粉团。这两种形式的花粉前者因大量收集的难度，后者因采收的季节无需饲喂不能成为主要的蜜蜂饲料。蜂粮是蜜蜂采集归巢的蜂花粉，混合蜂蜜、工蜂上颚腺的分泌物等储存在巢房中的花粉，在养蜂生产中多以粉脾的形式存在，是蜜蜂理想的蛋白质饲料（图6–1）。粉脾的保存有一定的困难，作为花粉饲喂的形式之一，可将储粉多的粉脾调给花粉不足的蜂群。

图 6–1　人工蜂粮（李建科　摄）

作为蛋白质饲料的花粉，多以干燥处理的蜂花粉为主，蜂花粉的营养效果总体上好于人工的花粉代用品。但是，在储存、加工过程中蜂花粉所含的营养素会受到不同程度的破坏，氨基酸、维生素、固醇、酶等营养素损失的程度与蜂花粉的干燥方法、储存条件、储存时间有关。蜂花粉中的维生素 A 和维生素 C 通过 20℃干燥处理，储存 18 个月后分别损失 7%和 100%。用陈旧蜂花粉应适当补充维生素 C。蜂花粉营养素损失程度与各因素间的关系还有待于深入研究。

蜂花粉作为蜜蜂饲料易传染疾病，20 世纪 90 年代初期我国蜜蜂白垩病大面积的暴发就可能与饲喂蜂花粉有关。利用蜂花粉作为蜜蜂饲料应保证来源可靠。

2）人工蛋白质饲料　蜜蜂人工蛋白质饲料是根据蜜蜂的营养需要，参考蜂花粉营养素种类的含量，选择蛋白质、脂类、维生素等营养素成分和含量与天然花粉接近的动物、植物、微生物制品，加入适量的营养素、促进消化吸收、刺激取食等添加剂，经科学配方，精细加工制成的蜜蜂蛋白质饲料，以补充或替代蜂花粉。蜜蜂人工蛋白质饲料的原料来源广泛，应用最普遍的主要为大豆及大豆制品、酵母粉、乳制品等。在外界粉源缺乏的条件下，饲喂人工蛋白质饲料国内外均取得了成功。

人工蛋白质饲料中含有蜂花粉，称为花粉补充物；人工蛋白质饲料中没有蜂花粉则称为蜂花粉代用品。

（2）蛋白质饲料配制　人工蛋白质饲料配制成功与否须经蜜蜂取食、消化吸收、营养效果等检验，此外还应考虑其利用率、经济性和原料的广泛性。

蜜蜂蛋白质饲料的原料种类有很多，除了较常用的大豆及大豆制品、酵母粉、乳制品外，还有蚕豆粉、芝麻饼、花生饼、向日葵籽饼、玉米粉、小麦粉、大麦粉、小球藻粉等植物性原料和蚕蛹粉、蚯蚓粉、肉粉、肉骨粉、鱼粉、全蛋粉、蛋白粉、蛋黄粉等动物性原料。但是，众多原料对蜜蜂营养价值、饲喂效果和负面影响未见详细资料，应用时需慎重。乳制品所含的乳糖和半乳糖对蜜蜂有一定的毒害。

提供人工蛋白质饲料配方的文献有很多，但能提供严密科学实验的数据证明其饲喂效果的文献较少。综合现有的资料文献，蜜蜂人工蛋白质饲料的研究和应用还处于不完善阶段，所以很难提供理想的蜜蜂人工蛋白质饲料配方。同样的配方饲料，出现效果不同的现象。威斯康星大学用大豆粉和花粉按 1 ∶ 3 的比例配制的饲料饲喂蜂群，使产蜜量提高了 5 倍。而法国的泰伯用同样配方饲料饲喂蜂群，出现了幼虫封盖前死亡的现象，虽然小幼虫房中的王浆很多。因此，泰伯推断大豆中含有对蜜蜂有害的物质。这种有害物质在国内的文献中称之为蜜蜂生长发育的营养障碍物质，其中主要是胰蛋白酶抑制剂、血细胞凝聚素、皂角苷和尿素酶等。适当的热处理可破坏大豆中的营养障碍物质。

大豆制作蜜蜂人工蛋白质饲料需用文火炒熟，压榨脱脂，粉碎研细，过筛 100 目。加热处理会使大豆中氨基酸和维生素遭受破坏，以大豆为主要原料的人工蛋白质饲料需添加赖氨酸、蛋氨酸、复合维生素等以弥补不足。

（二）关键时期的蜂群饲喂

蜂群饲喂是蜂群管理中一项很重要的手段。饲喂蜂群的饲料，主要有糖饲料、蛋白质饲料和水。

1. 糖饲料饲喂

糖饲料是蜜蜂的能源物质，是蜂群最主要的饲料。蜂群缺乏糖饲料不但会影响蜂群的正常发展，甚至威胁蜂群的生存，所以在蜜蜂饲养管理中任何时候都必须保证蜂巢内储蜜充足。用来饲喂蜂群的糖饲料主要是蜂蜜或用蔗糖配制的糖液。根据蜂群的情况以及蜂群的管理目标，糖饲料饲喂主要有补助饲喂和奖励饲喂两种方式。

（1）补助饲喂　补助饲喂就是在蜜源缺乏的季节，为保证蜂群维持正常的生活，对储蜜不足的蜂群大量地饲喂高浓度蜂蜜或蔗糖液的饲喂方法。

最理想的补助饲喂方法是给缺蜜的蜂群直接补加优质的封盖蜜脾。补给蜂群的封盖蜜脾，一般放在蜂箱中边脾或边二脾的位置，也就是紧靠子圈的外侧。在气温较低的季节补充蜜脾，应先把蜜脾放在室内加热到25 ~ 30℃。除了蜜蜂冬季结团以外，其余的季节在将蜜脾加入蜂群之前，可先把蜜脾的蜜盖割开，然后喷上少许的温热水。

可用优质蜂蜜或白砂糖作为蜜蜂补助饲喂的糖饲料。在补助饲喂前，先将蜂蜜 3 ~ 4 份或蔗糖 2 份，对水 1 份，以文火化开，待放凉后于傍晚喂给蜂群。补助饲喂的量，每次应以蜂群的接受能力为度。即饲喂器中糖饲料的量，以蜂群能够在一夜间全部搬进巢脾为标准，一般为 1.5 ~ 2 千克。

（2）奖励饲喂　为了刺激蜂王产卵、工蜂泌浆育虫，加快造脾速度，促进蜂群的采集授粉积极性，以及在合并蜂群、诱王等操作之前稳定蜂群的性情，无论蜂群巢内储蜜是否充足，在一段时间内连续饲喂蜂群一定量的糖饲料。这种饲喂蜂群糖饲料的方法就是奖励饲喂。

奖励饲喂糖饲料的浓度和每次的饲喂量，主要根据蜂群巢内的储蜜情况而定。巢内储蜜充足，奖励饲喂的糖饲料浓度就可稀一些，其配比常为成熟蜂蜜 2 份或优质蔗糖 1 份，对水 1 份。奖励饲喂的量以巢内储蜜不压缩蜂王产卵圈为度。一般来说，意蜂每群每天饲喂量为 0.2 ~ 0.5 千克，中蜂 0.1 ~ 0.3 千克。对巢内储蜜不足的蜂群奖励饲喂，糖饲料的浓度以及饲喂量都可适当增加。为了使蜜蜂持久兴奋，增强效果，奖励饲喂应每晚连续进行，不可无故中断。

奖励饲喂主要采用饲喂器或灌脾。奖励饲喂的量少，选用饲喂器的容量也小。可采用瓶式巢门饲喂器于傍晚放在巢门前，或用长 420 毫米、宽 60 ~ 80 毫米、高 12 ~ 18 毫米的铁盘装入饲料后，傍晚撬起巢门挡从巢门前塞入箱内饲喂。气温适宜，蜂群的群势较强，也可以于晚间将饲喂器放在箱外饲喂。饲喂器的上沿与巢门踏板相平，便于蜜蜂爬出巢门采食。用灌脾的方法奖励饲喂蜂群，可将糖饲料直接灌到巢脾的空巢房中，也可以在巢框的上梁浇上一点糖饲料。

在蜂群增长阶段，蜂群糖饲料的饲喂可结合补助饲喂和奖励饲喂两种方法进行。为了在巢内有限的巢脾上扩大子圈面积，在保证糖饲料不缺乏的前提下，减少巢内的储蜜量，用连续饲喂高浓度、少量的糖液满足蜂群对糖饲料的需求。糖饲料的连续饲喂所产生的奖励饲喂效果，正是促进蜂王产卵和工蜂泌浆育虫所需要的。

2. 蛋白质饲料饲喂

花粉是蜂群自然食物中唯一的蛋白质来源。在蜂群增长、蜂王培育、蜂王浆生产、雄蜂蛹生产等时期，如果外界粉源缺乏，就必须给蜂群补充花粉或人工蛋白质饲料。饲喂方法主要有补充花粉脾、灌脾饲喂、花粉饼饲喂等。

（1）补充花粉脾　在粉源过剩的季节，将蜂群剩余的粉脾抽出并妥善保存。在缺乏花粉的季节，可将保存的粉脾直接加到蜂巢中靠近子脾的外侧。

（2）灌脾饲喂　用奖励饲喂浓度的蜜液或糖液充分搅拌蜂花粉或蛋白质饲料的代用品，直到用手能捏成团，松开又能散开，然后用刷子或手将花粉及其代用品灌入空脾的巢房中。最后在脾面上刷蜜液，放入蜂群中紧靠子脾的位置饲喂。在增长阶段，可将适宜蜂王的产卵空脾中央部分用硬纸板遮住，在脾的四周空巢房中灌入蛋白质饲料。这样的巢脾在气温许可的情况下可直接插入蜂巢中心的位置，以促进蜂王产卵。

（3）花粉饼饲喂　将蜂花粉或花粉的代用品用蜂蜜或糖液充分浸泡后，搅拌成面团状，然后搓揉成长条形，放到蜂箱中的框梁上，由蜜蜂自行取食。为了防止花粉饼干燥，可在花粉饼上方覆盖无毒的塑料薄膜。

3. 喂水

喂水方法是在蜂场上设置自动饲水器或铺有沙石的水盆，供蜜蜂飞往采水。在早春和晚秋，为防止采水蜂低温飞出造成冻失，可采取巢门喂水的方法，即用一个小塑料袋盛满水，由袋口引出一根棉纱带，把袋口扎住，将其平放在踏板上，或用玻璃瓶等容器装满净水后，放在巢门踏板下，并从瓶中引出一根棉纱带，让蜜蜂在湿润的棉纱带上吸水。夏季因蜜蜂需水量较大，可用框式饲喂器或空脾灌满净水后放在隔板外侧，供蜜蜂食用。

在新疆吐鲁番、鄯善、托克逊等干燥地区，冬季为了保证蜜蜂对水的需要，在隔板外侧也应放置饲水器。

（三）使用饲料添加剂的注意事项

近年来，养蜂业已朝着专业化、规模化方向发展，饲养规模日渐扩大，而由于天气原因和蜂场蜜粉饲料储备不足，养蜂生产过程中饲喂人工饲料成为必然。饲料添加剂是为了满足蜜蜂的营养需要、促进蜜蜂生长发育、改善饲料品质、提高饲料利用率、加快蜂群繁殖速度以及增强抗病力而向饲料中添加的少量和微量物质（如维生素、矿物质、酶制剂、糖萜素和中草药等），它是蜜蜂全价配合饲料的精华部分。

饲料添加剂一般可分为补充营养成分的添加剂、保健助长剂、改善饲料品质的添加剂三大类。补充营养成分的添加剂主要有氨基酸添加剂、维生素添加剂、矿物质添加剂等，这类添加剂的用途是添加日粮的营养成分，使饲料达到营养平衡并具有全价性。保健助长剂主要有酶制剂、糖萜素增强免疫添加剂和中草药添加剂等。改善饲料品质的添加剂主要有抗氧化剂、防霉剂、诱食剂等。

近年来，蜂产品中抗生素残留问题是养蜂界关注的焦点。中草药是能够替代或部分替代抗生素的药物，具有对蜜蜂的毒副作用小、不易产生抗药性、能够增强蜜蜂自身免疫力的优点。不少中草药不仅能杀灭、抑制病原微生物，而且能提高机体免疫功能， 对蜜蜂病虫害的预防和治疗具有积极意义。 用中草药代替残留量大的抗生素类药物作为蜜蜂饲料添加剂来预防蜜蜂传染性病害，是生产优质蜂产品的重要措施。

二、疫病综合防治

在养蜂中除了饲养管理技术外，病虫害的防治也尤为关键。目前，危害蜜蜂的主要病虫害有囊状幼虫病、蜂螨等，蜜蜂病虫害防治依据“以防为主，防重于治”的原则，通常采取常年饲养强群、蜂具消毒、蜂场清洁卫生、及时用药、加强检疫等综合措施防治。

（一）选育抗病品种

蜜蜂品种之间抗病性有差异，同一品种不同蜂群抗病力也不一样，在病害流行季节，有些蜂群发病严重，有些蜂群发病轻微，而有些蜂群却不发病。在生产实践中选择无病蜂群作为种蜂群，培育蜂王，用以更换病群的蜂王，以增强对蜂蛹病的抵抗力。

（二）加强饲养管理

蜜蜂作为生物体，在为人类提供大量营养品的同时自身也需要碳水化合物、脂肪（主要是一些不饱和脂肪酸）、蛋白质、矿物质等一系列均衡的营养物质来维持身体的健康。尤其在繁殖和生产季节，由于蜂王大量产卵、工蜂繁重地保育幼虫、采集蜂蜜、花粉等活动，体能消耗大，更需要充足的营养予以保障。但目前我国大部分养蜂员在生产季节为了能够提高产量，采取掠夺式的生产方式，最“勤快”的养蜂员可以2～3天取一次蜜，结果使得蜂巢中没有富含营养的成熟蜂蜜供给蜜蜂（尤其是内勤蜂）食用。当周围大宗蜜源植物泌蜜期结束，蜂群内由于没有储备粮而处于半饥饿状态时，许多养蜂员又往往舍不得给蜜蜂饲喂蜂蜜和花粉，而用营养物质含量很低的蔗糖水代替。蜜蜂在承担繁重劳动的同时却无法获得充足的营养补充，结果造成寿命短暂，体质不断下降，最终打破了蜜蜂与病敌害原本稳定的平衡，造成蜂群发病。据统计在流蜜期工蜂的寿命只有40天左右，而越冬期的工蜂由于活动少，同时又有足够的饲料，其寿命可达3个月之久。这种差别从很大程度上说明在生产期的蜜蜂更需要“高福利”。应遵从如下措施以保障蜜蜂的必要福利：①在蜜蜂饲养过程中尤其在生产季节，应随时保证蜂群中有足够的蜜蜂饲料，且蜜蜂饲料应同时包括蜂蜜、花粉等各种营养物质，以保证蜜蜂获得营养的均衡。②在繁殖季节，应额外为蜂王提供高营养的饲料，例如增加一些高蛋白饲料（花粉、蛋白粉、豆粉等）的比例，以保证蜂王体质。③在生产期结束后应为蜂群提供一定时间的休养期，在这段时间内做到不取蜜、少开箱，保障充足的蜜、粉饲料和饮水。

通过这些措施，可以使蜜蜂得到充足的营养和休息，从而保证它们拥有健康的体质，足以能够维持蜜蜂与周围不良因素间的平衡，从而降低蜜蜂发病的概率。

（三）蜂场消毒与防疫

1. 蜂场消毒

（1）机械消毒　对蜂箱、蜂具、巢脾等，可用清扫、铲刮、洗涤等方法清除病原体。

（2）物理消毒　对工作服、箱内保温物、来历不明的蜂饲料等，用日光、烘烤、灼烧、煮沸及紫外线等杀灭病原体。

（3）化学消毒　蜂场广泛用此法，常用化学消毒药物如下：10%～20%石灰混悬液或2%氢氧化钠溶液可用于蜂具消毒；0.1%新洁尔灭及4%的甲醛可用于美洲和欧洲幼虫腐臭病污染的蜂箱和巢脾消毒；高锰酸钾或0.5%～1%次氯酸钠可用于被病毒和细菌污染的蜂箱和巢脾；对于蜂螨、真菌、巢虫等病害可用二硫化碳（5～10毫升/箱体，熏蒸24小时以上）或二氧化硫（3～5克/箱体，燃烧）进行消毒。

2. 蜂箱和巢脾消毒

在自然条件下，蜂群具有自我清洁的能力，能够将病虫尸体和其他杂质清理出去，从而降低病原滋生和传播的概率。但在人工饲养的蜂场内，由于蜂群数量多、密度大，且病原借助蜂农进行蜂群检查和调换巢脾等途径在蜂群间大肆传播。所以在蜂场中需要通过人工进行消毒和患病蜂群隔离等措施，其目的是减少病原的大量滋生和传播，维持蜂群内的平衡。人工消毒包括物理消毒（例如对养蜂器具进行日光烘烤、灼烧、煮沸等）和化学消毒（例如使用10%～20%的石灰混悬液浸泡巢脾及养蜂器具可有效杀死绝大多数的病毒、细菌和真菌）。

3. 空蜂箱和空巢脾的消毒工作

应在越冬前进行，因为这个时期是大量蜂箱和巢脾空闲的时期。具体消毒的办法是将空箱和空巢脾用0.1%的新洁尔灭溶液浸泡清洗干净，待干燥后，找一个空旷地将装有巢脾的蜂箱叠成2米左右的高度，用封条封住所有的缝隙至不漏烟，将40%的福尔马林液体12毫升倒入盛有高锰酸钾2.5克的浅瓷盆里，立即从箱底的巢门推入箱里进行熏蒸，马上用纸条封住巢门，经2～3天的熏蒸后拆开纸条放尽烟雾，备作春繁用。春繁时，将经过消毒的箱、脾替换越冬蜂箱和巢脾，再将替换下来的空越冬蜂箱和蜂脾采用同样的办法进行消毒，备作春繁和生产用。采用这种办法消毒对病毒、细菌和孢子类病原的杀灭效果都很好。

4. 工具消毒

起刮刀、蜂刷、移虫针、工作服等小件用具可以用 2% ~ 5%的苏打水溶液或 0.1%的新洁尔灭溶液浸泡 15 分后，用清水漂洗干净。防疫消毒工作做到位了，蜂场发病的概率就会大大降低。

（四）预防蜜蜂病虫害的措施

第一，提倡自繁自养，除引进良种外，不从疫区购买蜂群，以免相互感染。饲料应用自产的蜂蜜、花粉。从外地购进旧蜂箱应严格消毒后再使用，本蜂场发生蜂病，应立即隔离治疗，不要将病群巢脾任意调入健康蜂群，以防交叉感染。每年对蜂箱、巢脾消毒 1 次以上。

第二，改革喂药方法，改传统的糖水拌药为将蜂药加入花粉或糖粉喂蜂。

第三，防止蜜蜂农药中毒，了解周围农田喷洒农药情况，采取应急措施，预防或减少蜜蜂的农药中毒。

（五）病害防治

1. 蜂螨

蜂螨是蜜蜂的主要寄生虫，有大、小两种。雄螨因其螯肢退化成为输精突，不能刺伤蜂体血淋巴，一般不能寄生，在完成交尾后死亡，很少见到。

在蜂群中能够见到并且对蜜蜂造成危害的大、小蜂螨均为雄性的。中蜂具有较强的抗螨行为，一般不造成大的危害。

（1）发生季节及危害　由于大、小蜂螨均以成年蜂及幼虫体液为食，因此主要发生在5～6月（采集适龄蜂繁殖期间），8～9月达到高峰期（越冬适龄蜂繁殖期间）。受蜂螨危害的蜂群，幼蜂发育不良（有的不能孵化），出房后体质差，采集力下降，寿命缩短。有些幼蜂出房后翅膀残缺，失去飞翔能力，爬出巢门后死亡。有的造成大批蜂子死亡（子脾上），出现“白头蛹”，甚至有腐烂现象。这种蜂群新蜂成活少，成蜂死亡多，群势削弱严重，失去生产能力。另外，大蜂螨还能传播幼虫腐臭病及孢子虫病等，容易诱发并发症。

（2）病原　有瓦螨属的雅氏大蜂螨和热历螨属的小蜂螨两种。雅氏大蜂螨（雌）体长1.03～1.05毫米，体宽1.47～1.75毫米，棕褐色，横椭圆形。外有骨质化硬壳，4对足，1对可产1～3粒卵（最多7粒），一般产于蜜蜂幼虫或蛹体上，也有产于巢房底的。发育成螨历时8～9天（雌），主要寄生于雄蜂房及工蜂、雄蜂腹部环节间，一般生活1～2个月（个别的随蜜蜂越冬）。小蜂螨（雌）体长0.98～1.05毫米，宽0.54～0.59毫米，浅棕黄色，卵圆形。有骨质化外壳，4对足。一次可产卵1～5粒（大多3粒），一般产卵于工蜂幼虫体上。从卵到成螨历时仅4～4.5天，繁殖周期短，速度快，较大蜂螨对蜂群的危害更大些。主要寄生于已封盖工蜂房中，活动于子脾上，很少寄生在成蜂体上（在蜂体上最多存活3天）。

（3）消长规律及防治　大、小蜂螨均随蜂群群势的增长而增长，但因其繁殖速度较蜂王产卵的速度慢得多，所以一般到秋季蜂王产卵力下降或停产（中华蜜蜂）时，螨害出现高峰期。可用中国蜜蜂研究所生产的强力巢房杀螨剂、杀螨1号以及“螨扑”（21天）、螨净等集中力量根除之。还可以通过囚王等人为造成断子期根治。

2. 囊状幼虫病

（1）发病季节及危害　该病属毁灭性病害之一，传播快，流行迅速，染病率极强。西吉县该病多发于春夏之交的5 ~ 6月或秋冬之交的8 ~ 9月。该病发生的季节性明显，与气候、蜜源以及群势关系密切。一般气温较高、蜜源好或储蜜足、群势强大时不易发病。该病具有反复性，每3 ~ 5年就有一次发病高峰期。危害对象以中华蜜蜂为主，西方蜜蜂很少见有蜂群染病。该病发生时，群内秩序混乱，蜂群无采集、护卫能力，群内见子不见蜂，工蜂很少护脾，清巢能力差。如果防治不及时，常常全群覆没，损失极大。

（2）病原　该病由直径30微米的球形粒子即蜜蜂囊状幼虫病毒引起。该病毒为20面体，无囊膜，核酸单链，RNA型，主要聚集在蜜蜂咽侧体、舌下腺及脑中。脑和咽侧体受到危害时，致使内分泌紊乱，同时调节并产生毒素，进而抑制幼虫的蜕皮过程。该病毒有严格的寄生性（只存在于活的组织中），离开活体后，在59℃的热水中30分失活；在70℃的蜂蜜中10分可杀死；在花粉、蜂蜜中可存活1月之久；在干燥、阳光直射下存活4 ~ 6小时；冬季可潜伏于越冬蜂体、被污染的饲料、巢脾等各处。该病毒致病率极高，1只患病死亡的虫尸，可以使3 000只以上的幼虫患病。

（3）症状及诊断要点　患病虫龄以1 ~ 2日龄幼虫最易感染，潜伏期5 ~ 6天。死亡以封盖前大幼虫为主，虫尸头部上翘，黄白色，无臭、无味、无黏性，体内充满乳白色液体，体躯分节明显。在放大镜下，可见气管和皮下溢出液在流动。子脾呈暗灰色，封盖下陷，有被工蜂咬开的小孔，内有尖头勾状幼虫。如清理不及时，则体色变为褐色，头部低垂接近巢房壁，体表失去弹性和光泽，逐渐变硬，用镊子夹出时呈囊状。到后期，虫尸前端呈黑色，表皮因干枯而变硬，继而脱离巢房内壁，呈现“龙船状”。到完全干枯后，虫尸变成很脆的“鳞片”，可研为粉末。

（4）治疗　以清热解毒的中草药（如半枝莲、杜仲、刺五加、甘草、金不换等）为主，另外，如中国蜜蜂研究所生产的“抗病毒 862”以及 SM 细菌核酸霉、病毒唑针剂等均有一定疗效。尤以半枝莲 50 克加多维素适量，配以病毒唑针剂治疗效果较好（该剂量对入 1 ： 1 糖浆，喂蜂 10 足框）。

3. 孢子虫病

主要表现为前后翅散开不相连，腹部膨胀，不能蜇刺，前胸背板和腹部末端发黑，中肠苍白色，无光泽和环纹，没有弹性。

防治方法：采用复方酸饲料治疗孢子虫病，即在每千克的酸饲料中加入 10 片甲硝唑，可喂 10 足框蜂，每隔 3 ～ 4 天 1 次，连续 3 ～ 4 次。

4. 蜜蜂白垩幼虫病

主要是病菌以孢子和子囊孢子入侵幼虫肠腔吸取其营养，并分泌毒素，从而导致幼虫组织细胞分解，患病幼虫呈深黄色，最后因菌血症而死亡。死亡幼虫最初呈苍白色，以后变成灰色至黑色。尸体干枯后成为白色木乃伊状，蜂蛹除头部外，几乎都被蜂球囊菌长出的气生菌丝所包裹。工蜂常把这种干尸咬碎拖出巢房，常见箱底和巢门外有石灰块状病死虫尸体。

防治方法：目前治疗蜜蜂白垩病多用 75%的酒精，适量直接喷洒封盖子脾，未封盖的斜着喷，防止酒精喷洒过多杀死或醉死蜜蜂。

专题七

蜂产品优质高效生产技术

针对不同的蜂业生产目的，实际生产过程中需要应用不同的蜂群组织管理方法和实用生产技巧。本章对优质高效生产蜂蜜、蜂王浆、蜂花粉以及蜂胶关键生产技术，从各种生产目的的条件、准备及操作等各方面进行详细介绍，希望能对养蜂爱好者的实践操作起到一定的指导作用。

一、蜂蜜优质高效生产技术

蜂蜜（图 7–1）多指蜜蜂从蜜源植物的花朵蜜腺上采集并携带归巢的花蜜，经过工蜂反复酿造而成的味甜且有黏性、透明或半透明的胶状液体。蜂蜜是一种营养丰富，具有特殊花香的天然甜食品。优质成熟的蜂蜜不需任何加工便可直接食用。蜂蜜受到人们的喜爱，究其原因可能就在于天然性。因此，在蜂蜜的生产和储运过程中，必须保持蜂蜜的纯洁性和天然性，坚持生产优质成熟蜜，防止污染，杜绝掺假和掺杂。

图 7–1　蜂蜜

蜂蜜产品有两种商品形式，分离蜜和巢蜜。我国养蜂生产的蜂蜜，绝大多数都是分离蜜。分离蜜是脱离巢脾的液态蜂蜜。分离蜜的生产，一般是将蜂巢中储蜜巢脾放置于分蜜机中，通过离心作用使蜂蜜脱离巢脾。山区原始养蜂，用压榨蜜脾等其他方法，从储蜜巢脾分离出来的蜂蜜，也可归入分离蜜。

（一）采收准备

1. 采收时间的确定

在养蜂比较发达的国家多采用多箱体养蜂方式，一个花期只集中采收1 ~ 2次蜂蜜。这种养蜂方法比较科学，有利于生产高质量的蜂蜜。严格讲，成熟蜂蜜须完全封盖，随着国内蜂蜜消费市场的成熟，生产完全成熟的蜂蜜将成为必然。育子区中的储蜜含水量相对高，成熟度较低。

采收蜂蜜应避免影响蜂群的采集活动和尽量减少采收新采进的花蜜。因此，取蜜一般应在清晨进行，在上午蜂群开始大量出巢活动前结束。低温季节，为了避免过多影响巢温和蜂子发育，取蜜时间应安排在中午气温较高的时间进行。

2. 工具的准备

在蜂蜜采收前，应准备好分蜜机、割蜜刀、滤蜜器、蜂刷、蜜桶、提桶、喷烟器、空继箱等工具，必要时还要准备防盗纱帐。蜂蜜是不经消毒直接食用的天然食品。因此，在蜂蜜采收前，必须清洗所有与蜂蜜接触的器具，并清理取蜜场所的环境卫生。分蜜机的齿轮和轴承应用食用油润滑。为了防止灰尘污染和流蜜后期的盗蜂，取蜜作业最好在室内进行。转地蜂场往往条件较差，如果在流蜜初期和盛期，没有风雨的天气，取蜜可以在箱后进行。流蜜后期盗蜂严重时，取蜜就应在防盗纱帐中或室内进行。

在养蜂比较发达的国家，大中型蜂场都专设有取蜜车间，并在取蜜车间配备蜂蜜干燥室，装备起重叉车，用于搬运蜂箱和蜜桶。取蜜车间还装置切蜜盖机、大型电动分蜜机、蜜蜡分离设备、蜜泵、滤蜜器等采蜜设备。有些蜂场还将各种采收蜂蜜的设备和一台发电机安装在一辆卡车上，形成流动的采蜜车间，进行各放蜂点巡回采收蜂蜜。

3. 取蜜作业分工

我国养蜂场的规模相对较小，取蜜机械化程度很低，现绝大多数仍停留在手工操作。在取蜜作业时，一般 3 人配合效率最高，1 人负责抽脾脱蜂，1 人切割蜜盖，这 2 人还要兼管来回传递巢脾和将空脾归还原箱，还有 1 人专门负责分离蜂蜜。

（二）采收步骤

分离蜜采收过程主要包括脱蜂、切割蜜盖、分离蜂蜜、取蜜后处理。

1. 脱蜂

蜜脾在蜂箱中，任何时候都附着大量的蜜蜂。在采收蜂蜜时，应先在蜜脾提出之前去除脾上的蜜蜂，这个过程就是脱蜂。脱蜂的方法基本有四种：手工抖蜂、工具脱蜂、化学脱蜂和机械脱蜂。我国现阶段养蜂取蜜普遍采用手工抖蜂方法。其他几种脱蜂方法，在养蜂发达的国家应用比较普遍。

（1）手工抖蜂　手工抖蜂就是用双手握紧蜜脾框耳，对准蜂箱内的空处，依靠手腕的力气，突然上下迅速抖动 4 ~ 5 次，使蜜蜂猝不及防脱离蜜脾落入蜂箱。抖蜂后，如果脾上仍有少量的蜜蜂，可用蜂刷轻轻地扫除。如果蜂性凶暴，可用喷烟器向蜂箱内适当喷烟镇服蜜蜂。

（2）工具脱蜂　工具脱蜂就是采用安装有 1 个至数个脱蜂器的脱蜂板进行脱蜂的方法。采用工具脱蜂，就是预先把脱蜂器安装在脱蜂板上，使蜜蜂只能单向通过脱蜂板。脱蜂板的大小与蜂箱横截面尺寸一致。使用时，先将准备脱蜂的储蜜继箱搬下，在原位放置一个装有空脾的继箱，然后在其上安放好脱蜂板，使脱蜂板上的脱蜂器入口向上、出口向下。最后，把储蜜继箱放在脱蜂板上。

（3）化学脱蜂　化学脱蜂是利用一些具有蜜蜂厌恶气味的挥发性化学药品作为驱避剂，驱使蜜蜂离开蜜脾的脱蜂方法。化学脱蜂所使用的药剂有多种，不同药剂的挥发性不同，适用温度条件也不同。纯苯甲醛，适用于气温 18 ~ 26℃的条件；50% ~ 70%的石炭酸，适用于气温 25 ~ 30℃的条件；50%丙酸酐，适用于 26 ~ 38℃的条件。脱蜂前，先用 12 毫米的木条，做成与箱体上口大小相同、高 25 ~ 35 毫米的木框架，中央横嵌几根木条，以支撑固定 6 ~ 7 层棉纱布。在最上面钉一层白铁皮，并在铁皮外侧刷上黑漆，以增加阳光热量的吸收，促使驱避剂挥发。

脱蜂时，将储蜜继箱调到最顶层，其下放一个装有空脾的继箱。驱蜂药剂均匀地洒在木框架上的棉纱布上，洒药量以药液不滴下为宜。用喷烟器向储蜜继箱的边缘及巢框上梁喷几下浓烟，驱使蜜蜂下降，以防蜜蜂靠驱避剂太近被麻醉而死亡。然后将带有驱避剂的木框架放在储蜜继箱上。用此方法脱蜂的时间不宜过长，以防将蜜蜂麻醉，或将蜜蜂全部驱出蜂箱。操作一定要小心谨慎。

（4）机械脱蜂　机械脱蜂是利用吹蜂机产生的高速（250 千米 / 时）低压（0.14 千克 / 厘米 ^{2}）的气流，将蜜蜂从蜜脾上快速吹落的脱蜂方法。

吹蜂机（图 7–2）是由小型汽油机、鼓风机、蛇形管、鸭嘴形定向喷嘴组成。鼓风机在汽油发动机的驱动下，产生低压高速大排气量的气流，通过蛇形管从定向喷嘴吹出。使用时，将继箱水平或竖立放在继箱架上，手持喷嘴沿着蜜脾间的蜂路顺序移动，蜜脾上的蜜蜂被气流顺继箱架滑道吹落在蜂箱巢门前。吹落的蜜蜂很快会爬回巢内，不会引起蜂场上蜜蜂混乱。

机械脱蜂快速方便，工效比前 3 种脱蜂方法快几十倍。脱光一个储蜜继箱中的蜜蜂，一般只需 6 ~ 8 秒。现在养蜂比较发达的国家，几乎所有的蜂场都采用这种方法脱蜂。

图 7–2　吹蜂机

2. 切割蜜盖

分离蜂蜜前需把蜜盖割开。切割蜜盖的方法基本有两种，用手工切割和机械电动切割。国外大规模养蜂场，采用机械化取蜜，多使用电动机械切割蜜盖。机械切割蜜快速省力，适应机械化采蜜流水线作业要求。我国蜂场规模普遍较小，取蜜时基本上都使用割蜜刀手工操作。割蜜刀的种类也很多，有普通冷式、电热式、蒸汽式等割蜜刀。我国蜂场最常使用的还是普通冷式割蜜刀。普通冷式割蜜刀，在使用前应先将其磨锋利。切割蜜盖时，将巢脾垂直竖起，割蜜刀齐着巢脾的上框梁由下向上拉锯式徐徐切割，切割蜜盖应小心操作，不得损坏巢房，尤其不能损伤子脾。

切割下来的蜜盖用干净的容器盛装，待蜂蜜采收结束再进行蜜蜡分离处理。蜜蜡分离的常用方法是将蜜盖放置在铁纱或尼龙网上静置，下面用容器盛接滤出滴下的蜂蜜。如果蜜盖数量较多，也可以将蜜盖装入铁纱网或尼龙网内，放入电动辐射型的分蜜机中，把蜂蜜分离出来。分离处理后的蜜盖加热溶化后，冷却成形后收存。

3. 分离蜂蜜

分离蜂蜜的方法，活框饲养蜜蜂的蜂场几乎全都采用离心式分蜜机分离蜂蜜。根据离心作用原理设计的分蜜机种类很多，基本上可分为手摇分蜜机和电动分蜜机两大类。国外大型的电动分蜜机甚至一次可分离 72 继箱的储蜜。现阶段我国蜂场普遍使用的是两框固定手摇分蜜机。这种分蜜机构造简单、造价低、体积小、携带方便。在使用时，下面有蜂蜜流出口的分蜜机应放在机架上使用。机架的高度应以流出口下面放得下一承接蜂蜜的提桶为宜，其摇把的高度宜与操作者肘部平齐。脾中储蜜浓度较高的情况下，由于蜂蜜黏稠度大不易分离，应先将蜜脾一侧储蜜摇取一半时，将巢脾翻转，取出另一侧巢房中储蜜，最后再把原来一侧剩余的储蜜取出。

中蜂活框饲养的蜂蜜生产群，储蜜区和育子区一般都没分开。从育子区脱蜂提出的巢脾，都应立即分离蜂蜜。取蜜后迅速将巢脾放回原群。

4. 取蜜后处理

分离出来的蜂蜜需经双层铁纱滤蜜器过滤，除去蜂尸、蜂蜡等杂物，将蜂蜜集中于大口容器中使其澄清。1 ~ 2 天后，蜜中细小的蜡屑和泡沫浮到蜂蜜表面，沙粒等较重的异物沉落到底部。把蜂蜜表面浮起的泡沫等取出，去除底层异物，将纯净的蜂蜜装桶封存。

（三）巢蜜生产

巢蜜（图 7–3）中的蜂蜜在新蜂蜡筑造的巢脾中封存，保证了蜂蜜天然成熟，能够更多地保留着蜜源花朵所特有的清香，完整地保留蜂蜜中所有的营养成分。巢蜜减少了分离蜜在分离、包装和储运过程中的污染和营养成分的破坏。因此，在酶值、含水量、羟甲基糠醛、重金属离子等质量指标上，巢蜜均优于分离蜜。此外，巢蜜还具有蜂巢的价值，能清洁口腔。

图 7-3　巢蜜

巢蜜的美观外形能引起人们的极大兴趣。包装在透明塑料盒中的巢蜜，或浸在浅色半透明液态蜂蜜中的小巢蜜块，由淡黄色的蜂蜡构成极规则的六角形巢房的巢脾，储满了纯净、芳香的蜂蜜，给人以天然的艺术和知识享受。

巢蜜有三种商品形式，格子巢蜜、切块巢蜜和混合巢蜜。格子巢蜜是用特制的巢蜜格，镶装特薄巢础造脾，储蜜成熟全部封盖后，蜜脾和蜜格一起包装出售的蜂蜜产品。切块巢蜜是将大块巢蜜切割成一定大小和形状的小蜜块。混合巢蜜是将切块巢蜜放在透明容器中，注入同蜜种的分离蜜所形成的蜂蜜商品。

1. 生产条件

巢蜜的生产条件比分离蜜的生产条件要求更为严格，不是任何能生产分离蜜的地方都适于生产巢蜜。巢蜜生产主要应具备蜜源和蜂群两方面的条件。

（1）蜜源条件

1）泌蜜量大，花期长　巢蜜生产需要巢蜜格储蜜快速、封盖完整。从蜜格巢脾放入蜂箱储蜜，到储蜜巢房全部封盖，这段时间越短越好，尽量减少巢蜜在蜂箱中停留的时间。因此，巢蜜生产的首要条件，就是要有花期长、泌蜜量大的蜜源。

2）蜂蜜色泽浅，不易结晶　巢蜜应色泽美观、口感好，这就要求生产巢蜜的蜜源，其蜂蜜色泽浅淡、气味清香、不易结晶。如刺槐、紫云英、荆条、苜蓿、椴树、柑橘、荔枝、龙眼、草木犀等都是巢蜜生产的理想蜜源。油菜蜜和棉花蜜容易结晶，结晶的巢蜜影响商品外观，很难销售。荞麦、桉树、地椒等蜂蜜的色泽深暗，有特殊的气味，生产出来的巢蜜外观不好，口感不佳。

3）避开胶源　巢蜜不能带有蜂胶。巢蜜表面黏附蜂胶，外观上有被污染的感觉，并使巢蜜具有蜂胶的苦涩味。所以，生产巢蜜的蜂场还应注意避开林木茂盛、胶源丰富的场地。

（2）蜂群条件　生产巢蜜的蜂群应选择采蜜能力强、干型蜜脾封盖、采胶能力弱的蜂种。

1）造脾能力强，采集积极　生产巢蜜的蜂群，要求造脾能力强、采集积极，也就是需要有大量适龄采集蜂和泌蜡蜂的强群。只有这样的蜂群，才能快速造脾，快速储蜜，使巢蜜快速封盖。

2）干型蜜脾封盖　蜜脾封盖有 3 种类型：干型、湿型和中间型。干型蜜脾封盖，巢脾蜡盖与蜂巢储蜜有一定的距离，所以巢蜜封盖是鲜亮的新蜂蜡颜色，色泽美观；湿型蜜脾封盖，巢房蜡盖与储蜜接触，巢蜜的封盖就呈湿润状，色泽暗。

3）采胶能力弱　不同蜂种的蜜蜂，其采胶能力也有所不同。为了使巢蜜不受蜂胶的污染，生产巢蜜的蜂群应不采胶或采胶力弱。

2. 格子巢蜜生产

（1）巢蜜格和上础　与分离蜜生产相比，巢蜜生产需要特殊的装置和材料，其中包括巢蜜格、巢蜜继箱或巢蜜框架、优质纯蜂蜡制作的巢础和巢蜜包装盒等。

1）巢蜜格　用薄木板或无毒硬塑料制作的格子巢蜜框架。形状多为圆形、方形或六角形，其大小可根据巢蜜的重量和蜂箱内部的尺寸确定。一般情况下，巢蜜格越大，巢蜜在蜂箱中封盖越快。国外传统的巢蜜格，多用 3 毫米厚的薄木片，制成 108 毫米 ×108 毫米 ×48 毫米带蜂路，或 108 毫米 ×108 毫米 ×38 毫米不带蜂路的小木框。国内文献中介绍的中华蜜蜂生产巢蜜，多做 98 毫米 ×72 毫米 ×26 毫米不带蜂路和 100 毫米 ×70 毫米 ×36 毫米带蜂路两种长方形巢蜜格。巢蜜格造脾后多为双面的，与正常巢脾相似。也有单面造脾的巢蜜格，也就是使蜜蜂在巢蜜格中单面造脾储蜜。为了上础方便，巢蜜格通常在一边或三边中间开设一条 1 ~ 2 毫米宽的槽，形成半分裂巢蜜格，甚至将巢蜜格制成由两个半巢蜜格组合成的全分裂巢蜜格。现在采用三面开口的巢蜜格比较多，因为安装巢础时，一张大巢础同时从开口处插入连在一起的四个巢蜜格中，装入蜜格框架内，方便快速。当巢蜜格造好脾或储满蜜后，再将连在一起的巢蜜格各自分开。这样可减少上础时的部分工序。

巢蜜生产有采用单面盒式半巢脾蜜格的趋势，使巢蜜格与包装盒成为一体。盒底喷上蜂蜡，蜂群在盒内造脾储蜜。巢蜜盒中储蜜封盖后，另加一个盒盖密封，巢蜜就包装完毕。这种盒式巢蜜有很多优点，在生产过程中，不用上础、精简包装，所以省工省料、降低成本、提高效益，并能减产巢虫的危害；由于蜂蜡减少，使巢蜜的口感更好；类似托盘的盒式巢蜜格，在食用时无须再将巢蜜移入其他容器，使得巢蜜的食用更方便、更卫生。

2）巢蜜格上础　巢蜜生产所使用的巢础，必须是优质新鲜纯蜂蜡制成的特薄巢础。巢础的形状和大小，应根据巢蜜格的规格进行切割。如果生产方形或长方形的巢蜜，为提高切础工效，可用木板制成巢础模盒切割巢础。在盒的两个相对长壁上，按所需的规格预先锯好缝隙，锯槽的宽度应能方便地插入钢锯的锯条。

巢蜜格上础的主要工具是多组木块装巢础垫板。多组木块装巢础垫板是由大小比巢蜜格内围尺寸略小 1 ~ 2 毫米，形状与巢蜜格相似的木块，黏附在木板上制成的。每块木板上黏附的小木块数量，可根据需要自行确定。小木块的厚度略小于巢蜜格厚度的一半，使巢础正好能镶装在巢蜜格中间。使用时，把巢蜜格套放在木块上，将切好的巢础放入巢蜜格内，用熔化的蜂蜡或埋线器将巢础固定在巢蜜格中。也可以先造好大块巢脾，将巢脾切割成相应的形状和大小，镶入巢蜜格内，再用熔蜡固定。

（2）生产方法　国外巢蜜生产多用意蜂。我国巢蜜生产还不很普遍，仍处于起步阶段，除了用意蜂生产巢蜜外，也开始尝试利用中蜂进行巢蜜生产。由于中蜂为干型蜜脾封盖、不采胶等特性，中蜂巢蜜比意蜂外观更好。但是，由于中蜂群势不强，采集力较弱，如果完全照搬西方蜜蜂生产巢蜜的方法，则效果不好。

生产巢蜜用继箱，长和宽与标准蜂箱相同，高度应与巢蜜格的大小相配套。使用时，在巢蜜继箱的底部，钉有“T”形和“L”形巢蜜托架，加以改装，以支撑巢蜜格。“T”形和“L”形巢蜜托架可用镀锌铁皮或马口铁弯制而成。也可以不改装继箱，用巢蜜框架在蜂箱中承托巢蜜格。巢蜜框架用10毫米厚、30毫米宽的木板制成。

1）意蜂格子巢蜜生产　生产格子巢蜜的蜂场，春季增长阶段的蜂群管理与分离蜜生产基本相似。但是，巢蜜生产的蜜蜂群势要求比分离蜜生产更强。因此，应采取一切措施，加速蜜蜂群势增长，培育强群。

在流蜜初期，蜜蜂开始大量采进花蜜时，采用多箱体养蜂的蜂场，就应将蜂群的育子区压缩为一个箱体，使蜜蜂密集。巢箱育子区排放9张巢脾，并将巢脾放在蜂巢中间，两侧加隔板。在巢箱上叠加一个装满巢蜜格的浅继箱。

一般情况下，蜂王很少进入装有巢蜜格的浅继箱中产卵，巢继箱这间不必加隔王栅。当第一个继箱中的巢蜜格储蜜达2/3时，加第二个装满巢蜜格的继箱。凡是装有镶础巢蜜格的继箱都应先放在蜂箱最顶层造脾。如果继箱中巢蜜格储蜜速度不均匀，可将继箱调头。当第二继箱中蜜格已造好脾时，将第二继箱放到巢箱上，将第一继箱放到顶层。当第二继箱储蜜达1/2时，再放第三继箱造脾。为防蜜蜂任意加高巢房，导致封盖不整齐，可在每排巢蜜格之间加一块薄木板控制蜂路，以保证巢蜜封盖整齐美观。巢蜜继箱切勿加得太快，否则巢蜜格将储蜜不满。从继箱中提出巢蜜之前，最好使用脱蜂板进行工具脱蜂，也可采用机械脱蜂。

巢蜜生产，需要群势密集的强群，作为商品巢蜜必须完全封盖。巢蜜生产群的分蜂热较严重，但又不能采取加脾扩巢、提早取蜜等流蜜期一般常用手段控制分蜂。巢蜜生产蜂群控制分蜂热，除了采取更换新王、生产王浆、遮阴降温等措施外，还可将整个蜂群箱体垫高，使箱底和地面留有足够的空间，以利箱底通风。个别蜂群分蜂热严重，应立即去除蜂王，并毁尽所有王台。在除台后的7 ~ 9天，再进行一次彻底毁弃改造王台，然后诱入一个成熟王台或优质产卵蜂王。个别蜂群不接受巢蜜生产，或分蜂热无法控制时，就应及时改为分离蜜生产。

2）中蜂格子巢蜜生产　利用中蜂生产巢蜜，应在流蜜期前修造蜜格巢脾。在蜂群增长阶段中后期，把上础后的巢蜜格，安装在巢蜜框架的中梁上，于傍晚插入强群中造脾。待蜜格巢房修筑至50% ~ 60%时，就可取出备用。巢蜜格造脾必须在夜晚进行，以防巢蜜格中储进花粉。

为了在有限的流蜜期内提高巢蜜产量，可将半成品巢蜜和成品巢蜜的生产分步进行。在流蜜期一开始，就把蜂群增长阶段修造的蜜格巢脾放入强群中储蜜。当巢蜜格储蜜即将封盖时取出，放入包装盒内暂时保存，同时再放入新的蜜格巢脾继续储蜜，以此突击生产半成品巢蜜。由于分离蜜产量要比巢蜜高，为了提高巢蜜产量，在生产巢蜜的同时，应安排全场一半的蜂群进行分离蜜生产。在蜜源花期结束后，可利用这些分离蜜继续生产巢蜜。在流蜜后期或流蜜期后的成品加工期间，既要加强巢内通风又要严防盗蜂；饲喂蜂蜜应在夜晚进行，并只能采取巢内饲喂的方法。夏季生产巢蜜，蜂群应放置在阴凉之处，并采取降低巢温的措施。

（3）巢蜜的包装　格子巢蜜的质量很大程度上取决于成品巢蜜的外观。生产出来的色泽美观、封盖整齐的成品巢蜜，还需进行适当的处理和包装，以防机械破损、虫蛀和发酵。

西方蜜蜂生产的格子巢蜜，从蜂箱中取出后，应检查巢蜜格上是否有蜂胶和蜡瘤。若蜂胶不容易刮除，可用纱布浸酒精小心擦拭干净。

格子巢蜜有可能附着蜡螟的虫卵。为了避免蜡螟的幼虫在包装盒内蛀食巢蜜，在包装之前必须采取灭杀虫卵的措施。选择处理巢蜜的药剂，应避免巢脾吸附异味和被有毒的物质污染。杀灭巢蜜中巢虫主要采用二氧化碳熏蒸、冷冻处理、紫外灯照射等方法处理。

知识链接

二氧化碳熏蒸杀灭巢蜜

二氧化碳熏蒸的方法是在放有巢蜜的密闭房间内，充满二氧化碳气体，使二氧化碳气体保持 80%的相对浓度 5 天，这样可保证巢蜜在两个月以内不出现巢虫。如果室温在 37℃、相对湿度在 50%左右，保持室内 98%二氧化碳气体 4 小时，即可杀灭蜡螟的卵虫蛹。

按巢蜜封盖表面的平整程度、色泽，有无花粉、空巢房、破损，巢蜜格的清洁度以及蜂蜜的品质等标准分等级。剔除储在花粉、蜜房未封盖和空巢房过多、巢蜜格蜂胶污染严重、巢蜜表面封盖过分凹凸不平、蜂蜜结晶或发酵等不合格产品。

3. 大块巢蜜、切块巢蜜和混合巢蜜生产

切块巢蜜和混合巢蜜都是用大块巢蜜加工的。大块巢蜜就是在浅继箱中，用优质纯蜂蜡特制的特薄巢础，在继箱中修造新脾，并储满成熟蜂蜜的封盖蜜脾。将大块巢蜜切割成一定的大小和形状，进行包装处理就成为切块巢蜜。将大块巢蜜切成小蜜块，放入透明的容器中，并在容器中添注同蜜种的分离蜜，就成为混合巢蜜。

（1）大块巢蜜的生产　大块巢蜜的生产，与格子巢蜜的生产方法相似，先将特薄巢础镶装在浅继箱中的巢框上，放入强群中造脾储蜜。当蜜脾全部封盖后，脱蜂取出，再把蜜脾从巢框上割下来。大块巢蜜生产的蜂群管理方法与格子巢蜜生产相似，只是为防蜂王爬到继箱上产卵，巢继箱之间应加隔王栅。美国用一种比工蜂巢房略大、比雄蜂巢房略小的特制巢础，专用于巢蜜生产，以解决蜂王在大块巢蜜上产卵的问题，这样就可以不用在巢继箱之间加隔王栅。

生产大块巢蜜的巢框上础的简便方法是，将巢础放在巢础垫板上，巢框套在巢础垫板上，把巢础嵌入上梁的槽中，最后用熔化的纯蜂蜡固定。如果把四块巢础垫板安装在一个转轮盘上，则可显著提高工效。上础时，将巢框套放在垫板上，上梁向外，每个巢框上梁的外边各由一条与垫板平行的木条和其两侧的弹簧片固定巢脾。

（2）切块巢蜜的生产　从浅继箱中封盖蜜脾上切割下来的大块巢蜜，平放在木板上，或放在有浅盘承接的硬铁纱网上，用加热后锋利的切蜜块刀，将大块巢蜜切割成所需的大小和形状的小蜜块。小蜜块的重量多在50 ~ 500克。切块巢蜜的边缘应整齐光滑，不能撕裂和刮坏巢房。小蜜块边缘附着液态蜂蜜，易使巢蜜结晶。所以，在巢蜜包装前，必须将小蜜块边缘的液态蜂蜜清除。小批量生产，可将切块后的小蜜块置于有不锈钢浅盘承托的硬铁纱上，滴干黏附在小蜜块边缘的液态蜂蜜。大批量生产则需用改装后的分蜜机，将小蜜块边缘的液态蜂蜜甩干。最后，用无毒的聚乙烯塑料薄膜袋进行封装，放入较坚固的透明包装盒中密封储存。

（3）混合巢蜜的生产　将小蜜块放入包装容器中，再将与小蜜块同蜜种的分离蜜缓慢地注入。混合巢蜜中的小蜜块重量，不应低于分离蜜。为了防止分离蜜注入时产生过多的气泡，可使蜂蜜沿容器边缘流入。为预防混合巢蜜结晶，在混合巢蜜包装前应先做好两项工作，一是将小蜜块边缘的液态蜂蜜滴干或甩尽；二是将分离蜜加热到65.5℃后消除分离蜜中的结晶核，自然冷却到49℃时再注入包装容器中。49℃的分离蜜可使小蜜块蜂蜡变软，巢脾的强度下降。为预防小蜜块由于浮力的挤压而损坏，蜂蜜注入容器后应立即密封，迅速将容器横放。

二、蜂王浆优质高效生产技术

（一）蜂王浆生产条件

蜂王浆（图7–4）生产的基本积极条件是稳定温暖的气候、充足的粉蜜饲料、强盛蜂群。

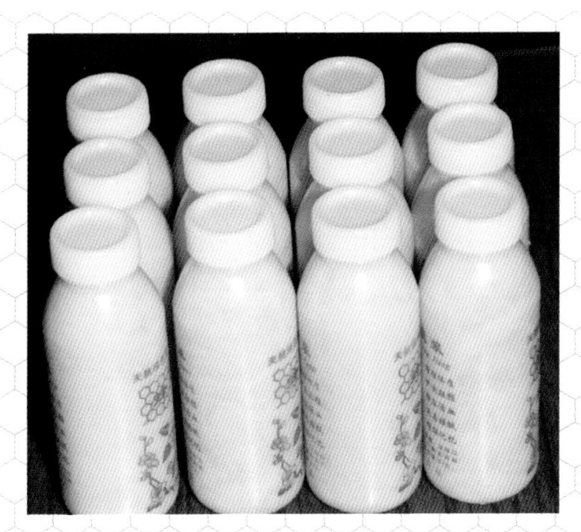

图 7-4　蜂王浆（李建科　摄）

1. 气候条件

蜂王浆生产需要气候稳定，无连续低温，气温在 15℃以上，蜂群已去除外包装，蜂群内不再结团。

2. 饲料条件

产浆蜂群必须饲料充足，尤其蛋白质饲料不可缺少。外界蜜粉源丰富，有利于提高蜂王浆的产量和质量。如果蜜粉源不足，则需人工饲喂。

3. 蜂群条件

蜂王浆生产利用蜂群的过剩哺育力，只有强群哺育力才过剩。蜜蜂的群势越强盛，过剩的哺育蜂就越多，蜂群培育蜂王产浆的积极性也就越高。蜂王浆生产的最小群势应在 8 足框以上。低于 8 足框的蜂群也可以生产蜂王浆，但是产浆量低，且影响蜂群的发展速度。

（二）蜂王浆生产前准备

蜂王浆生产前的准备主要包括产浆群的培育、产浆群的组织、适龄小幼虫的准备。

1. 产浆群的培育

强群是蜂王浆生产的基本条件之一，在产浆前应采取强群越冬、双王群饲养、加强保温、奖励饲喂和防治病虫等一切加速蜂群恢复和发展的措施，使蜜蜂群势尽快达到蜂王浆生产的要求（图 7–5）。

图 7–5　产浆强群（李建科　摄）

2. 产浆群的组织

根据蜂王浆生产的原理，培养和组织强群。在产浆群中用隔王栅将蜂巢分隔成无王的产浆区和有王的育子区。产浆区中间放 3 张小幼虫脾，用以吸引哺育蜂在产浆区中心集中，两侧分别放置粉蜜脾等。育子区应保留空脾、正在羽化出房的封盖子脾等有空巢房的巢脾，提供蜂王充足的产卵位置。

（1）单箱产浆群组织　蜜蜂群势达 8 足框，可组织成单箱产浆群。用框式隔王栅将巢箱分隔为产浆区和育子区。育子区的大小应根据蜂群的发展需要确定，若需促进蜂群的发展，就应留大育子区，调入空脾抽出刚封盖子脾。

（2）继箱产浆群组织　蜜蜂群势达 10 足框以上，加继箱组织成继箱产浆群。用平面隔王栅将继箱和巢箱分隔为产浆区和育子区。巢箱和继箱的巢脾数量应大致相等，且排放在蜂箱内的同一侧。气温较低的季节，应注意在箱内保温。

3. 适龄小幼虫的准备

在蜂王产卵力强的蜂群中，调整蜂群，使巢内均为大子脾和大粉蜜脾，很少有空巢房。在移虫前 4 ～ 5 天加入一张褐色空脾，使蜂王在该脾上集中产卵。也可以将褐色空脾和蜂王放入蜂王产卵控制器中，限制蜂王在此脾上产卵。

（三）产浆操作

蜂王浆生产的操作过程包括人工台基的制作和安装、修台、移虫和补移、取浆、清台和换台等。

1. 人工台基的制作和安装

人工台基（图 7–6）均需安装到产浆框上，产浆框多为 4 个台基条，每条可安装 25 ～ 33 个台基。蜂王浆高产蜂种产浆框可放 5 ～ 10 根台基条，每根台基条可安装 2 行台基。塑料台基为几十个台基连成台基条，只需直接用细铁线绑在台基条上即可。

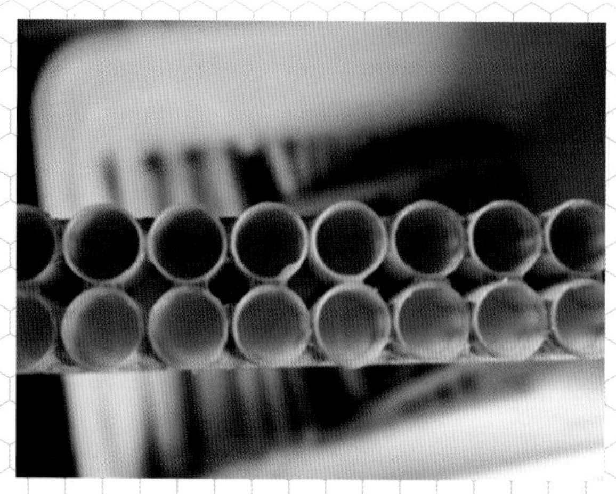

图 7-6　人工台基（李建科　摄）

2. 修台

人工台基与蜂群中自然王台总是存在差别，将人工台基直接移虫很少被蜂群接受。人工台基在使用前，须先经蜂群清理修整后才能移虫。塑料台基的清台时间应更长些，需要 1 ～ 2 天。

3. 移虫和补移

移虫是将移虫舌的前端牛角片，沿工蜂小幼虫的巢房壁深入巢房底部，再沿巢房壁从原路退回，小幼虫应在移虫舌的舌尖部。将移虫舌的端部放入台基的底部，轻推移虫舌的舌杆将小幼虫放入台基的底部。移虫速度应快，一般情况下移虫 100 个台需要 3 ～ 5 分。移虫速度影响移入幼虫的接受率。

4. 取浆

产浆框（图 7-7、图 7-8）取出后尽快将台中的幼虫取出，以减少幼虫在王台中继续消耗蜂王浆。将产浆框立起，用锋利的割台刀将台口加高的部分割除。割台时，应小心，避免割破幼虫。幼虫的体液进入蜂王浆中将产生许多小泡，感官上与蜂王浆发酵相似。割台后，放平产浆框，将台基条的台口向上，用镊子将幼虫从台中取出。取幼虫时应按顺序，避免遗漏。取浆呈坐姿，多用取浆舌挖取蜂王浆，也有用吸浆器等取浆。力争将台基内的蜂王浆取尽，以防残留的蜂王浆干燥，影响下一次产浆的质量。

图 7-7 充满蜂王浆的产浆框（李建科 摄）

图 7-8 脱蜂后的产浆框（李建科 摄）

5. 清台和换台

蜂蜡台基经过多次产浆颜色变深，台基条上出现赘脾，王台中残浆增多，致使产浆量降低，接受率减少。蜂蜡台基使用 7 ~ 9 次后需要更换王台。塑料台基的台壁常附有蜡瘤等异物，取浆后需认真清理。

（四）产浆群管理

1. 粉蜜充足

蜂王浆生产必须保证产浆群内粉蜜充足。在粉源不足的蜜源场地，饲喂花粉可使蜂王浆增产 273%，蜜蜂群势增长 47%。在外界粉源充足而蜜源较少时，饲喂糖液产浆也能取得较好的效益。

2. 适当密集

产浆群适当地密集群势，有助于产浆框上哺育蜂相对集中。同时密集的蜂群产生轻微的分蜂热有利于促进蜂群泌浆育王，提高移虫的接受率和蜂王浆的单台产量。产浆群应根据外界气温条件，保持蜂多于脾或蜂脾相称。

3. 产浆框两侧巢脾的排列

经周冰峰等 3 年的实验观察证实，较弱的蜂群产浆，或者强群第一次产浆，产浆框两侧应排放小幼虫脾，以吸引哺育蜂在产浆框附近形成哺育区；外界蜜粉源丰富，产浆群强盛，产浆框两侧排放任何巢脾对产浆均无影响。因此，较弱的蜂群产浆需定期调整，以保证产浆框两侧始终为小幼虫脾；在蜜源较丰富的季节，强群产浆不必调整产浆框两侧的巢脾。

4. 保持强群

蜂王浆生产期间应采取促进蜂群发展的技术措施，维持强群，始终保持蜂群内有大量的适龄哺育蜂。如果蜂王产卵力下降，应及时更换蜂王。

5. 高温季节增湿降温

巢内过热，蜜蜂离脾，产浆框上的哺育蜂减少，影响蜂王浆产量。在高温季节采取将蜂群放置在阴凉处、加强巢内饲水、场上和蜂箱外壁洒水等增湿降温措施，保证蜜蜂在巢内的密集。

6. 奖励饲喂

在外界蜜源较少时，连续的奖励饲喂能够刺激哺育蜂积极泌浆育王，能够显著提高移虫的接受率和蜂王浆的产量。

7. 连续产浆

产浆期间，在产浆框附近形成了哺育区，如果中断产浆，产浆框附近的哺育蜂分散，重新移虫产浆时，再聚集适龄哺育蜂需要一定的时间。因此，蜂王浆生产不能无故中断。

8. 及时毁除分蜂王台和改造王台

在育子区中可能出现分蜂王台，分蜂王台封盖后应容易发生自然分蜂。将子脾从巢箱调整到继箱，易发生改造王台，如果管理不慎改造王台的处女王出台，则有可能处女王通过隔王栅将产卵王打死。无论出现上述哪种情况对蜂王浆生产都是不利的。蜂王浆生产期间，育子区应每隔 5 ~ 7 天毁尽一次分蜂台，将子脾从巢箱提入继箱后 7 ~ 9 天尽毁改造王台。

三、蜂花粉优质高效生产技术

蜂花粉现在已逐渐成为养蜂生产的主要产品。蜂花粉生产的原理是，采集携带花粉团的工蜂归巢时，迫使它通过小孔洞，将其一对后足花粉筐中的两个花粉团截留下来，然后再收集处理（图 7–9）。

图 7-9　蜂花粉的收集

（一）脱粉器选择与安装

脱粉器是采收蜂花粉的工具，各类脱粉器主要由脱粉孔板和集粉盒两大部分构成。此外，有的脱粉器还设有脱蜂器、落粉板、外壳等构造。

脱粉器的脱粉效果，取决于脱粉孔板上脱粉孔的孔径大小。脱粉孔的孔径偏大，携粉工蜂归巢时轻易通过脱粉孔板，不易截留花粉团；如果孔径偏小，携粉工蜂通过脱粉孔板很费力，易造成巢门堵塞，影响蜜蜂进出巢活动，并且易对蜜蜂造成伤害。林巾英等在同等条件下，对比研究不同孔径的脱粉器的脱粉效果，实验结果表明，使用孔径 4.85 毫米的脱粉器比孔径 5.00 毫米的脱粉器脱粉效果可提高 1 倍。

在选择使用脱粉器时，脱粉孔板的孔径应根据蜂体的大小、脱粉孔板的材料，以及加工制造方法决定。选择脱粉器的原则是既不能损伤蜜蜂，使蜜蜂进出巢比较自如，又要保证脱粉效果达 75%以上。

知识链接

自制脱粉器

用 22 号不锈钢丝以直径 4.5 毫米的铁钉为中心，绕制成“∞”字形的连续孔道，即成简易的脱粉孔板。这样的脱粉孔板孔径 4.5 ~ 4.7 毫米，长度可根据巢门而定。这样的制法简单方便，但是脱粉孔板易变形。也可在金属板、薄木板、薄竹片、塑料板等材料上钻孔制成脱粉孔板。使用时，将自制的脱粉孔板用图钉固定在巢门上，下面放一个容器作为集粉盒承接脱下来的花粉团。

在粉源植物开花季节，当蜂群大量采进蜂花粉时，将把蜂箱前的巢门挡取下，在巢门前安装脱粉器进行蜂花粉生产。脱粉器的安装应在蜜蜂采粉较多时进行。各种粉源植物花药开裂的时间有所不同，多数粉源植物花朵提供花粉都在早晨和上午。雨后初晴，或阴天湿润的天气蜜蜂采粉较多，干燥的晴天则不利于蜂体黏附花粉粒，影响蜜蜂采集花粉。

脱粉器的安装应严密，要保证使所有进出巢的蜜蜂都必须通过脱粉孔。在生产蜂花粉时，应该全场蜂群同时安装脱粉器，至少也要同一排的蜂群同时脱粉。

脱粉器放置在蜂箱巢门前时间的长短，可根据蜂群巢内的花粉储存量、蜂群的日采进花粉量决定。蜂群采进的花粉数量多、巢内储粉充足可相对长一些。脱粉的强度以不影响蜂群的正常发展为度。一般情况下，每天的脱粉时间为 1 ~ 3 小时。

（二）蜂花粉干燥

新采收下来的蜂花粉含水量很高，常在 20% ~ 30%。采收后如果不及时处理，蜂花粉很容易发霉变质。所以，新鲜蜂花粉采收后应及时进行干燥处理。蜂花粉的不同干燥方法各有其特点，在生产中可根据具体条件和要求进行选择。匡邦郁等通过用硅胶、远红外干燥箱、日光晒干等干燥方法，对活性 91.7%的新鲜蜂花粉进行脱水处理。干燥后的蜂花粉，硅胶处理能保持活性 89.1%，远红外干燥箱干燥能保持 85.4%，日晒干燥方法只能保持活性 74.4%。

1. 日晒干燥

将新鲜蜂花粉薄薄地摊放在翻过来的蜂箱大盖中，或摊放在竹席、木板等平面物体上，置于阳光下晾晒。这种干燥方法简单，不需要特殊设备，被绝大多数蜂场所采纳，尤其是转地蜂场。但是日晒干燥的明显不足之处就是蜂花粉的营养成分破坏较多，易受杂菌污染。

2. 自然干燥

将少量的新鲜蜂花粉置于铁纱副盖上或特制大面积细纱网上，薄薄地摊开，厚度不超过 20 毫米，放在干燥通风的地方自然风干。有条件还可用电风扇等进行辅助通风。在晾干过程中，蜂花粉需要经常翻动。

3. 远红外恒温干燥箱烘干

福建农业大学蜂学学院和中国农业科学院蜜蜂研究所分别研制出体积小、造价低、耗电省、热效率高、便于携带的蜂花粉远红外干燥箱。使用时，先将恒温干燥箱的箱内温度调整稳定在 43 ~ 46℃，再把新鲜的蜂花粉放入烘干箱中 6 ~ 10 小时。用远红外恒温干燥箱烘干蜂花具有省工、省力、干燥快、质量好等优点，但对设备和电源有要求。

4. 真空冷冻干燥

把新鲜的蜂花粉放入冻干机中，使蜂花粉进入冷冻状态。通过抽真空使蜂花粉中所含水分，由冰冻状态直接升华，以达到蜂花粉干燥脱水的目的。这种干燥方法能最有效地保持蜂花粉的活性，延长蜂花粉的保存期。冻干处理后的蜂花粉，用铝箔复合膜袋进行抽气充氮包装，能够比较理想地保持蜂花粉中的营养成分。但是这种干燥处理的方法需要的设备条件很高，增加了生产成本，只适用于专业加工厂。

5. 干燥剂干燥

这种方法是利用化学干燥剂较强的吸湿性来吸收蜂花粉中的水分。用于蜂花粉干燥的化学干燥剂要求无毒、无异味、吸湿性强、活化简便、价格适当。用于干燥蜂花粉的化学干燥剂最具代表性的是硅胶。在密封性强的木制干燥箱中，用铁纱平行分为数层，把蜂花粉和干燥剂硅胶间隔地分层铺放，密封一昼夜后取出完成干燥的蜂花粉。干燥箱中硅胶的用量宜多不宜少，大约是蜂花粉的 2 倍。利用硅胶处理新鲜的蜂花粉，能够很好地保持蜂花粉的活性。

（三）优质高产措施

蜂花粉生产应根据有关蜜蜂采集花粉的生物学特性进行管理蜂群。为了提高蜂花粉的产量，在生产过程中，可采取以下措施：

1. 选择粉源丰富的放蜂场地

粉源丰富是蜂花粉生产的前提条件。蜂花粉生产，应尽量选择大面积种植油菜、紫云英、蚕豆、玉米、向日葵、荞麦、茶花等粉源丰富的场地放蜂。

2. 培育大量适龄的采粉蜂

蜜蜂采集花粉，首先要靠身体上的绒毛黏附。所以采粉蜂多为采集初期的青壮工蜂。大量适龄的青壮工蜂是蜂花粉高产的基础。在蜂花粉生产季节，为了保证蜂群有大量的适龄采粉工蜂，需提前45天开始促王产卵，大量培育适龄采粉蜂。

3. 保持适当的群势

安装脱粉器后，会造成巢门前不同程度的拥挤。强群脱粉就会把大量的采集蜂阻塞在巢门内外，降低了采粉效率，无法发挥强群的采集优势。为了保证蜂花粉的生产效率，在脱粉之前应把蜂群的群势调整到8 ~ 10足框。

4. 保持储蜜充足

蜜蜂能根据蜂群的需要调节采集粉蜜的比例。如果巢内储蜜不足，就会使一部分采粉蜂应急去寻找采集花蜜。当外界流蜜较少、粉源又充足的条件下，工蜂采粉效率比采蜜高。在这种情况下，就应保持巢内储蜜充足，促使蜂群中大量的蜜蜂采集花粉。

5. 保持蜂王旺盛的产卵力

蜂花粉是蜜蜂幼虫生长发育、工蜂王浆腺发育等不可缺少的蛋白质饲料，只有在蜂群中卵虫多的情况下，蜜蜂才本能地大量采集花粉。

6. 巢内储粉适当

蜂花粉生产群巢内储粉量应控制在不影响蜂群正常增长为度。在粉源丰富的季节，保持蜂花粉生产稳定，避免巢内储粉过多，脱粉应连续进行。

四、蜂胶优质高效生产技术

蜂胶的颜色与胶源种类有关，多为黄褐色、棕褐色、灰褐色，有时带有青绿色，少数蜂胶色泽深近黑色（图 7–10）。在缺乏胶源的地区，蜜蜂常采集如染料、沥青、矿物油等作为胶源的替代物。在澳大利亚，人们发现蜜蜂从农业机械上采集新涂上的油漆。蜜蜂采集的这些替代物形成的“蜂胶”没有利用价值。所以，如果采收蜂胶时，发现色泽特殊的蜂胶应分别收存，经仔细化验鉴别后再使用。

图 7–10　蜜蜂采胶

（一）蜂胶生产方法

蜂胶生产方法主要有 3 种：结合蜂群管理随时刮取；利用覆布、尼龙纱和双层纱盖等收取；利用集胶器集取。

1. 结合蜂群管理刮取

这是最简单、最原始的采胶方法，直接从蜂箱中的覆布、巢框上梁、副盖等蜂胶聚集较多的地方刮取（图 7–11）。在开箱检查管理蜂群时，开启副盖、提出巢脾，随手刮取收集蜂胶。这种方法收集的蜂胶质量较差，必须及时去除赘脾、蜂尸、蜡瘤、木屑等杂物。也可以将积有较多蜂胶的隔王栅、铁纱副盖等换下来，保存在清洁的场所，等气温下降、蜂胶变硬变脆时，放在干净的报纸上，用小锤或起刮刀等轻轻地敲打。为了提高刮取巢框上蜂胶的速度和质量，可用白铁皮或旧罐头皮钉在框梁上。

图 7–11　蜂箱中的蜂胶（房宇　摄）

2. 利用覆布、尼龙纱、双层纱盖收取

用优质较厚的白布、麻布、帆布等作为集胶覆布，盖在副盖或隔王栅下方的巢脾上梁上，并在框梁上横放两三根细木条或小树枝，使覆布与框梁之间保持 2 ~ 3 毫米的缝隙。这样，蜜蜂就会把蜂胶填充在覆布和框梁之间。取胶时，把覆布上的蜂胶日光下晒软后，用起刮刀刮取蜂胶。取胶后，覆布放回蜂箱原位继续集胶。覆布放回蜂箱时，应注意将沾有蜂胶的一面朝下，保持蜂胶只在覆布的一面。放在隔王栅下方的覆布不能将隔王栅全部遮住，应留下 100 毫米的通道，以便于蜜蜂在巢箱和继箱间的通行。

气温较低季节用覆布取胶有利于蜂群的保温，但到了炎热的夏季，使用覆布生产蜂胶就会造成蜂群巢内闷热、通风不良。这时可用尼龙纱代替覆布集胶。当尼龙纱集满蜂胶后，放入冰箱等低温环境中，使蜂胶变硬变脆后，将尼龙纱卷成卷，然后用木棒敲打，蜂胶就会呈块状脱落，进一步揉搓就会取尽蜂胶。这种取胶方式同样也适用于覆布集胶。

双层纱盖取胶，就是利用蜜蜂常在铁纱副盖上填积蜂胶的特点，用图钉将普通铁纱副盖无铁纱的一面钉上尼龙纱，形成双层纱盖。使用时，将纱盖尼龙纱的一面朝向箱内，使蜜蜂在尼龙纱上集胶。

3. 利用集胶器集取

集胶器主要是根据蜜蜂在巢内集胶的生物特性设计的蜂胶生产工具，用以提高蜂胶的产量和质量。集胶器的种类很多，多为栅条状。

（1）板状格栅集胶器　格栅集胶器由平行排列的板条格栅构成，有两个可活动的部分，其中一部分的板条咬合在另一部分板条的缝隙中。板条可用椴木或松木制作（图 7-12）。格栅集胶器的格栅由横向板条、纵向板条和轴构成。格栅集胶器可以放在蜂箱上下箱体之间、巢框上梁、边脾外侧、箱壁等处集胶。格栅集胶器不宜放在巢脾中间，以免影响蜂群的增长。格栅集胶器置于巢框上梁，一次可收取蜂胶约 53 克；置于边脾外侧，可采收蜂胶 17 克。格栅集胶器从蜂箱中取出后，放在低温环境中使蜂胶变脆，便很容易使蜂胶从格栅中挤出来。

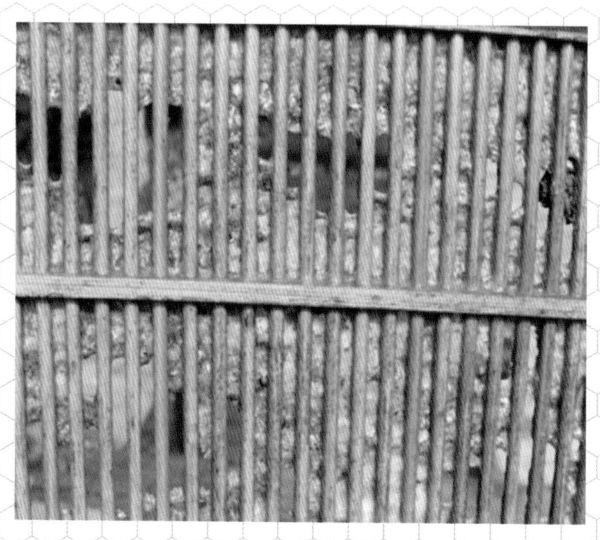

图 7-12　栅格集胶器

（2）可调式格栅集胶器　可调式格栅集胶器由中国农业科学院蜜蜂研究所研制。集胶器由若干根横向板条、两根纵向板条以及小铁钉构成。每根横向板条两端都各用一根小铁钉固定在纵向板条上。当需调节集胶器的缝隙时，只要将可调式格栅集胶器立起，一个角落地，然后压它的对角，就可以任意调节横向板条间的缝隙大小。开始使用时，先将横向板条间的缝隙调节到 2 ~ 3 毫米的距离。可调式集胶器放在蜂箱内的集胶位置，与格栅式集胶器相同。使用这种集胶器，一年只需采收一次蜂胶。

（3）框式格栅集胶器　这种集胶器是苏联养蜂者使用的一种集胶器，由一个金属外框和若干个小金属棒组成。金属框上边和下边相应各打一排小孔，金属棒插入小孔中，组成集胶栅栏。框式格栅集胶器的外形及大小似巢框，厚度仅为巢框的一半。小金属棒的直径约 3 毫米，由小金属棒构成的集胶缝隙为 3 ~ 4 毫米。生产蜂胶时，将集胶器放在蜂箱中隔板的位置上集胶。

（4）巢门格栅集胶器　巢门处收集的蜂胶最纯。强群蜜蜂在大流蜜期可放置巢门格栅集胶器。但在流蜜期末和外界蜜源稀少时，用这种集胶器生产蜂胶易诱发盗蜂。巢门格栅集胶器由大小与巢门挡相同的框架和用木板条或竹片分隔出多个宽度为 3 毫米左右的缝隙构成，中间留有巢门。巢门格栅集胶器的栅条，应便利其拆装和蜂胶采收。生产蜂胶时，将这种集胶器取代蜂箱的巢门挡，在巢门附近人为地造成许多缝隙，以促使蜜蜂积极采胶填补。

（5）巢框集胶器　在巢框上钉些薄木条或竹片，以构成人为的缝隙和凹角，促使蜜蜂在巢框上多积胶。板条的宽度为 6 ~ 9 毫米，厚度为 3 ~ 5 毫米，长度与巢框的上下梁一致。这样的木条或竹片在巢框上梁共钉 4 根，即上面钉 2 根，两侧各钉 1 根；在巢框下梁共钉 3 根，下面钉 1 根，两侧各钉 1 根。

（6）继箱集胶器　继箱集胶器就是在后壁和侧壁开有多条 120 毫米 × 3.5 毫米缝隙，或钻有多个直径 10 毫米圆孔的特制继箱。为了防止盗蜂，在圆孔的外面可用金属隔栅或纱网阻挡。也可以在木制的副盖上开出多条 120 毫米 × 3.5 毫米的缝隙。当主要蜜源结束后，使用继箱集胶器生产蜂胶，能够充分利用蜂群的采集力，每群蜜蜂可获得蜂胶 250 ~ 400 克。充分利用这些老工蜂生产蜂胶，是蜂场挖潜增收的一项有效措施。

（二）优质高产措施

采收蜂胶时应注意清洁卫生，不能将蜂胶随意乱放。蜂胶内不可混入泥沙、蜂蜡、蜂尸、木屑等杂物。在蜂巢内各部位收取的蜂胶质量不同，因此，在不同部位收取的蜂胶应分别存放。蜂胶生产应避开蜂群的增长期、交尾群、新分出群、换新王群等，上述情况蜂群泌蜡积极，易使蜂胶中的蜂蜡含量过高。

在生产蜂胶期间，蜂群应尽量避免用药，以防药物污染蜂胶。为了防止蜂胶中有效成分的破坏，蜂胶在采收时不可用水煮或长时间地日晒。

为了减少蜂胶中芳香物质的挥发，采收后蜂胶应及时用无毒塑料袋封装，并标明采收的时间、地点和胶源树种。蜂胶应存放在清洁、阴凉、避光、通风、干燥、无异味、20℃以下的地方，不可与化肥、农药、化学试剂等有毒物质存放在一起。

■ 主要参考文献

[1] 陈盛禄 . 中国蜜蜂学 [M] . 北京：中国农业出版社，2001.

[2] 吴杰 . 蜜蜂学 [M] . 北京：中国农业出版社，2012.

[3] 龚一飞 . 养蜂学 [M] . 福州 : 福建科学技术出版社 , 1981.

[4] LAIDIAW H. H. The hive and the honey bee [M] . Illinois: M&W Graphics, Inc., 1993.